JN189688

The Orangepage Inc.

二本足の猫 エースのごきげん日和

新井かおり（むすびより）

INTRODUCTION

はじめに

はじめまして、新井かおりと申します。
「musubiyori(むすびより)」という名前で
SNSを中心に活動しており、
皆さんからは「むすママ」と呼んでいただいています。
おもに動画で、約10年にわたって
わが家の猫たちの日常を投稿してきました。
今では猫のいない人生は考えられないほど、
その魅力にすっかり取りつかれています。
猫さんのごきげんな姿は、それを見た私たちまで
ごきげんにしてしまう不思議な魅力があります。
そんなごきげんな時間をみなさまにも
過ごしてもらいたいなと思い、この本を書きました。
人だけでなく、すべての猫さんたちにも、
安心してごきげんに過ごしてほしいという願いを込めて。
ぜひ楽しんでいただけますとうれしいです。

おきがえちゅう

ママ大好きだじょ

ツンツンされてる…

シャー！

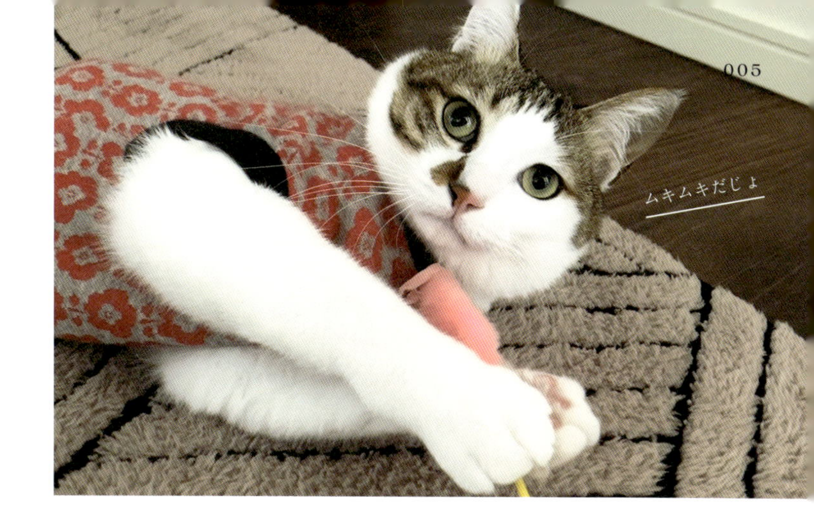

ACE IS HAVING
FUN EVERY DAY!

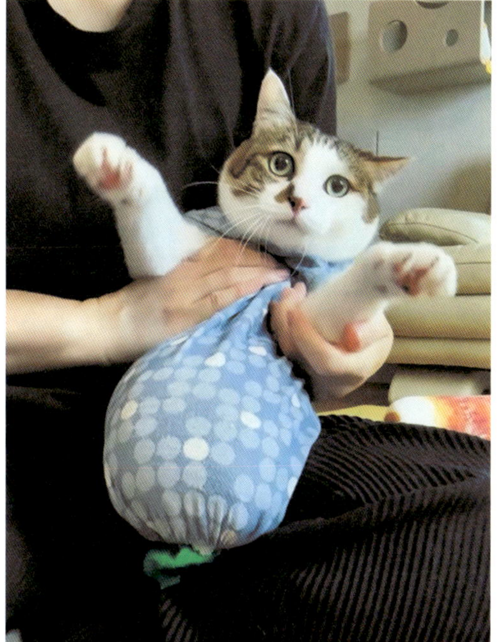

Characters : むすびより家の猫と人

むすびより家のメンバーを紹介します。
虹の橋を渡った先代猫・ムスビを含めて登場人物は6人（3ニャン＋3人）です。

ACE
エース

2020年3月9日にやってきた二本足の怪獣猫。沖縄県出身。埼玉県の保護猫カフェ「ねこかつ」さん育ち。甘えん坊の男の子。

OMUSUBI
おむすび

2017年9月16日にやってきたシャイな食いしん坊ガール。野良サバイバル経験あり。特技はチーズ鳴きとおむすびころりん（なでてほしくて転がる）。

MUSUBI

ムスビ

2015年3月14日にやってきた体重2kgの豆猫。2017年7月29日、5歳と若くして腎不全で虹の橋へ旅立ちました。

MUSUMAMA

むすママ

猫の魅力に取りつかれた猫博愛主義者。黒×白色の組み合わせに弱い。『musubiyori』のYouTubeやInstagramの動画撮影、編集をすべておこなっている。

MUSUPAPA

むすパパ

無類の鳥好きだったのにいつの間にか猫の魅力に取りつかれた人間の男。

OMUSUME

おむすめさん

2023年10月に生まれたむすびより家の末っ子。おむすびさんとエース、2匹の猫の妹としてすくすく成長中。

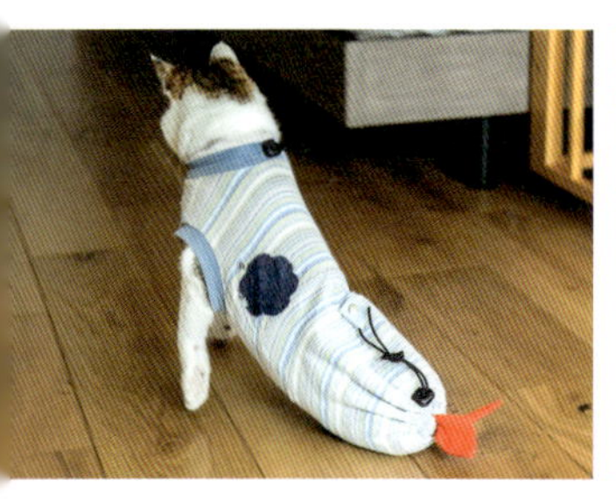

contents

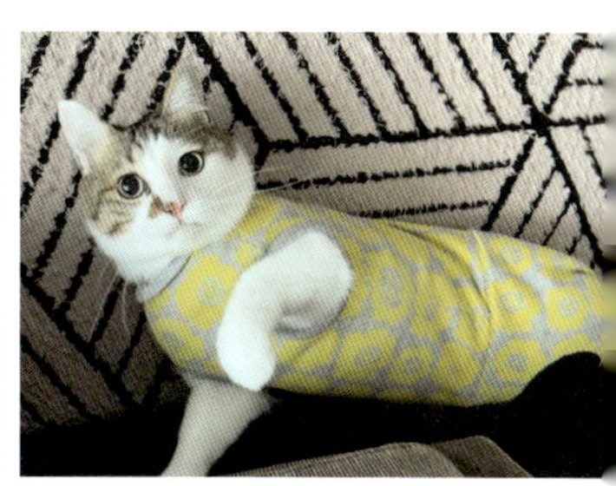

chapter.

1

うしろ足のないエース

沖縄で保護されたエースはどんな状態だったのか。
足のない猫を本当にお迎えすることができるのか。
エースを迎えるまでと、迎えてからの出来事を振り返ってみました。

DAILY 01

エースがうちに来るまでのこと

エースがわが家にやってきたのは、2020年3月9日、まだ肌寒い春の日でした。

エースは埼玉県川越市にある「保護猫カフェねこかつ」出身。
ねこかつさんは、行き場のない猫を保護してケアしながら、同時に飼い主を募集する活動をされています。エースも元々はお外で生活をしていた猫でしたが、ねこかつさんでこの素敵な名前をもらって、"家猫修行"を経てわが家にやってきました。

沖縄で生まれ育ったエースは、2019年8月29日に、動物愛護センターに負傷猫として収容されています。うしろ足をひどく損傷した状態で、おそらく交通事故かなにかに遭ったのではないでしょうか。1週間後に殺処分になるところでしたが、沖縄のボランティアさんとねこかつさんの連携プレーで、奇跡的に命を取り留めることができました。

私、むすママはこれまで2匹の保護猫と暮らしてきたのですが、ねこかつさんの保護猫活動をテレビで知り、ファンとして応援していました。
ある日、エースのことが書かれたねこかつさんのブログを読んで、その天真爛漫な瞳に一目惚れ！！
エースをわが家にお迎えしたいと思うようになったのですが、一緒に暮らすまでにはさまざまな悩みや葛藤がありました。

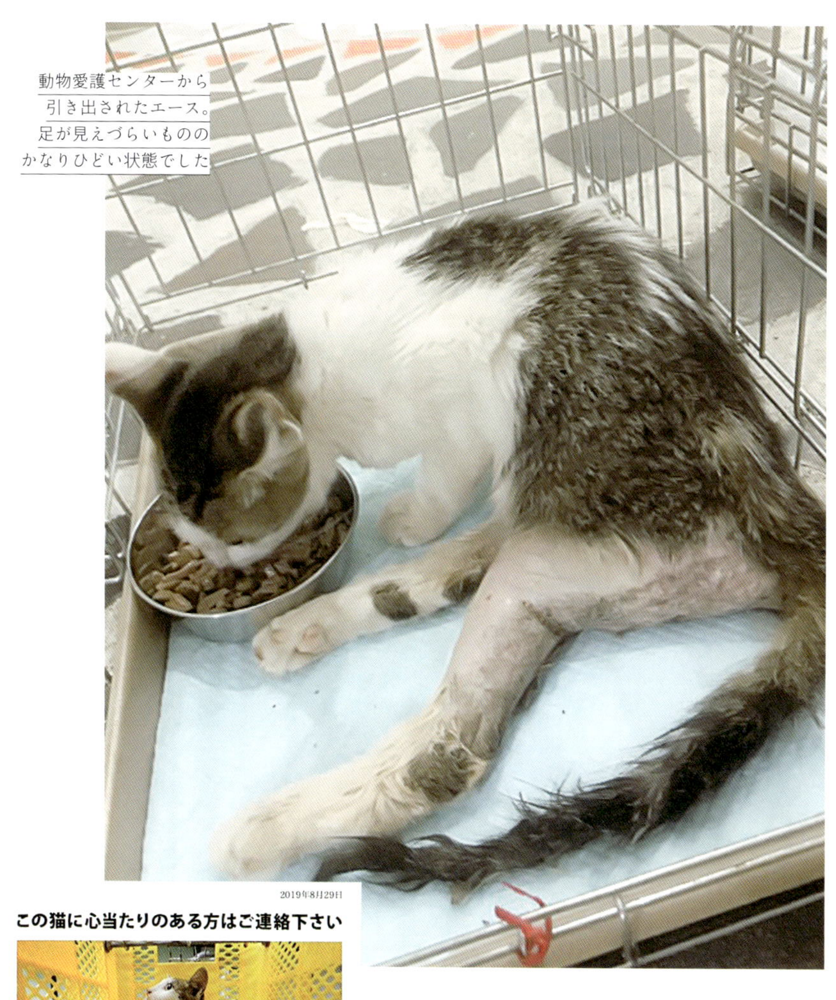

動物愛護センターから
引き出されたエース。
足が見えづらいものの
かなりひどい状態でした

2019年8月29日

この猫に心当たりのある方はご連絡下さい

毛色	トラ(茶・黒)白	体格	大
性別		推定年齢	
首輪	無し	備考	負傷

2019年8月29日(木)、**宜野湾市伊佐**で保護され、現在、沖縄県動物愛護管理センターに収容されています。

動物愛護センターに
掲載されたエース。
命の期限は1週間でした

DAILY 02

エースとの出会い。本当にお迎えできる？

お迎えを決心するまでの葛藤と家族の反応

エースに一目惚れしてからというもの、ねこかつさんのSNSをチェックしては、エースの動画や写真が投稿されるのを楽しみにする日々。

活発にフロアをビューンと走る姿や、カゴにちょこんと入ってお客さんとおもちゃで遊んでいる姿。
何度も同じ投稿を見返しては、本当にかわいくて！
わが家にお迎えしたいという気持ちが日ましに大きくなっていったものの、すぐには行動に移すことができませんでした。

なぜなら、エースは二本足で、まず見た目が普通の猫と違います。
エースと暮らしたいと言ったら、家族はびっくりするでしょう。

また見た目だけでなく、下半身不随で、排泄障害がありました。
自力で排尿をすることができないため、365日、一日に複数回の排泄の介助が必要です。万が一それを忘れたり、自分に何かあってできなかったりしたら、エースの命を危険に晒すことになります。

ねこかつさんなら複数の方々の目があり大丈夫でしょうが、私にそれができるだろうか…。
しかも猫の寿命は13～16歳、長ければ20年生きる子もいます。
決して短くはない期間、一日も、1回も欠かさずにやり切れるだろうか。

でも、エースと一緒に暮らせたら…。
きっと人生の最期のときに思い出す、最高に楽しくて素晴らしい時間になる。
そんな確信がありました。
そしてそれは私の家族にとっても。
そのため、まずは夫（むすパパ）にエースのことを相談しました。

ねこかつさんでたくさん甘えるエース

お客さんのおひざでご満悦！

ここでちょっと不思議な体験をするのですが、夫にエースのことを話したのは、行きつけの中華料理店にランチを食べに行ったときでした。
「こんな子がいて、うちにお迎えしたいなと気になっているんだけど、今度会いに行ってみない？」

おそるおそる切り出したところ、夫の反応はやはり、前向きなものではありませんでした。

「旅行とか行けなくなっちゃうの？　それにいろいろ大変なんじゃ…」

これまで2匹の猫と暮らしてきた夫とはいえ、それは当然の反応で、そうだろうなとはあらかじめ予想していたのです。
でもそう返されたとき、なぜか涙がぶわーっ！と出てきて止まらなくなってしまいました。
本当に「そりゃそういう反応だよね」という気持ちで、悲しくなかったはずなのに。
自分でもなぜ!?と焦りました。

ねこかつさんのフロアを歩き回るエース

「ちょっと、涙が止まらない…」

そうこうしているうちに、本当に悲しい気分になってきて、さらに涙が止まらなくなってしまいました。普段まったく泣かない私の涙をみて夫も焦ったのか、

「…そんなに気になってるなら、1回会いに行ってみる?」となったのでした。

あのとき、ホールを切り盛りしていた中華料理店の奥さんには、きっと夫婦喧嘩をしていると思われたことでしょう…。あの急に溢れ出た涙は、今でも本当に不思議な現象だったなぁと思います。

そんなこんなで、エースが過ごす保護猫カフェねこかつさんに、夫婦で伺うことになりました。

エースに会いにねこかつさんへ!

エースが暮らすねこかつさんは、予約なしで行ける保護猫カフェです。そのため、特に事前にお店には連絡せず会いに行きました(混雑時は入場制限あり)。

川越駅から商店街を歩いていくと、階段をのぼった先にはたくさんの猫さんたちが！

これまで普通の猫カフェには夫婦で行ったことがあったのですが、保護猫カフェに行くのは初めての夫。「なでて~」と近寄ってくるねこかつっ子たちに、保護猫もこんなに人懐っこいのかと驚いていました。
そして中央の大きなキャットタワーの下に、いました！　服を着て、前足をちょこんと前に出して「香箱座り」しているエース君が。
縦横無尽に動き回るほかの猫さんたちの様子を気にしながらも、マイペースに過ごしているようです。

私たちは、ほかの猫さんたちとふれあいながら、エースを観察しました。

動き出したエースは、走り回る子猫たちと一緒に遊びたそうに手を出したり、ちょっと追いかけてみたり。寝転がって過ごしていることが多いのかな？と思っていましたが、そうでもなさそうです。
意外と活発なのかな、と感じました。
（じつはとっても活発な猫だったわけですが…笑）
エースに会った感想は、意外にも「実物に会えて感動！」という感情ではなく、ブログやSNSの印象通りのかわいい子だな、ということでした。

ほかの猫さんとも仲よく遊んでいます

カゴに入ったままおもちゃ遊び

そしてそこに、きっと一緒に暮らしても大丈夫、と感じたのです。かわいいから一緒に暮らしたい、その純粋な気持ちでエースを迎えたいと思いました。

どんな子でも病気をするかもしれないし、年も取るから、一緒に暮らすのであれば責任を果たさねばならない。それがエースの場合は少し難易度は高いかもしれないけれど、でも大丈夫だろうと。

その日はそのままお店をあとにし、夫に「エース、どうだった?」と聞いたところ、「すごくかわいかったね」と好印象でした。その後、本当にお迎えできるのか話し合いを重ねて、エースの里親になることを決めたのでした。

さらに、お迎えをあと押ししたのは、ねこかつ代表の梅田さんが、ブログでエースを紹介された際に書かれていた言葉でした。

エリザベスカラーを枕にしてお昼寝

「君がいま
生きていることが
みんなの喜びであり

君を里親さんに
繋ぐことができたとき

それは
僕らの大きな喜びとなり
自信となるのだから」。

その後、お店に正式にエースの譲渡希望を申し出て、圧迫排尿の練習に通い、2週間のトライアルを経て、晴れてうちの子になりました。

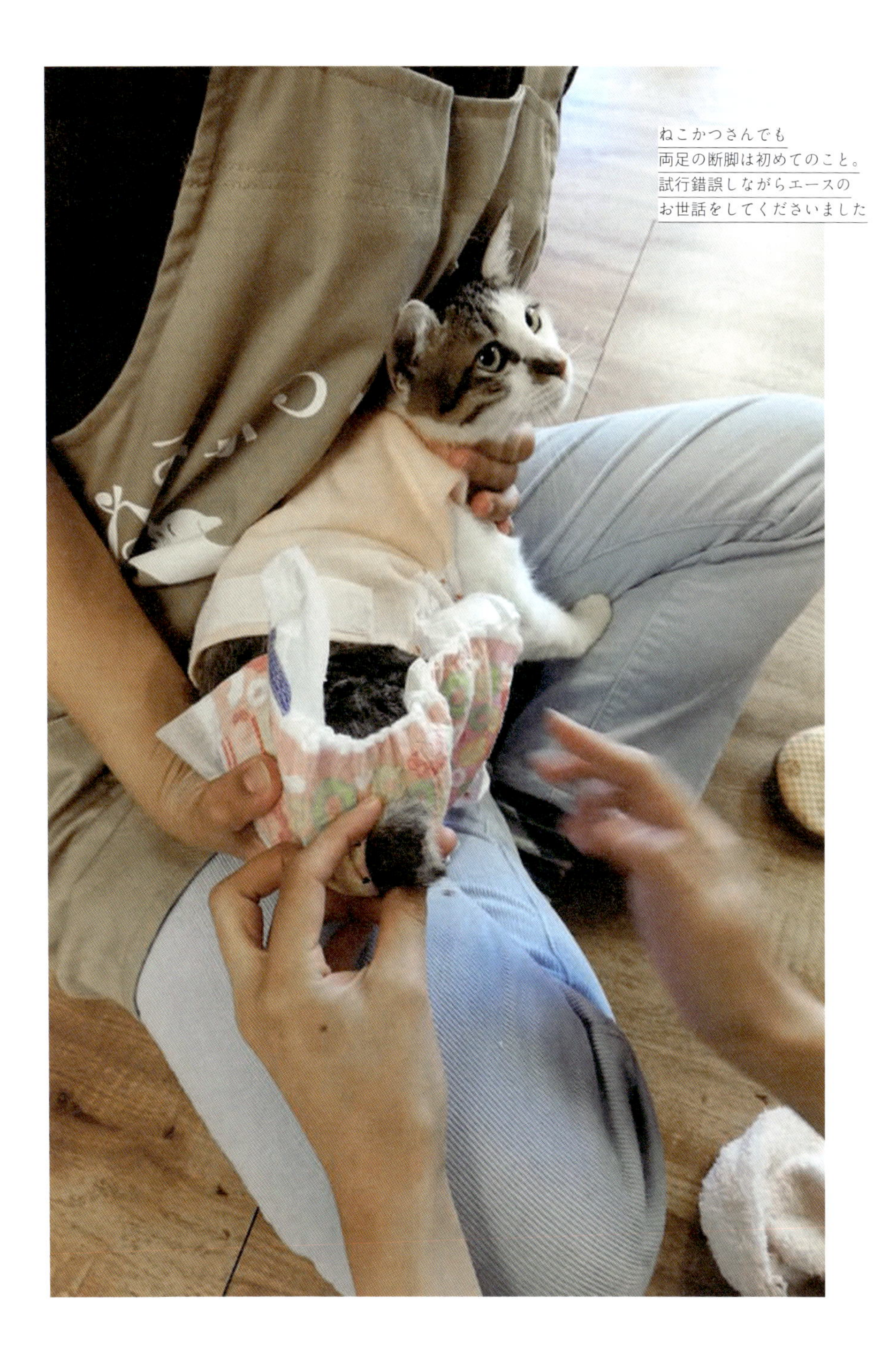

ねこかつさんでも
両足の断脚は初めてのこと。
試行錯誤しながらエースの
お世話をしてくださいました

DAILY 03

エースはどうして二本足なの？

「エースは生まれつき二本足なの？」
SNSのコメントでもよく質問をいただきます。

エースが沖縄の動物愛護センターに負傷猫として収容されたときの写真を見ると、うしろ足と長い立派なしっぽがありました。

沖縄のボランティア「沖縄野良猫TNRプロジェクト」さんが、ねこかつさんと連携してエースを引き渡してくださったとき、エースは両足をひどく負傷していました。

病院に連れていったところ、右足は骨が見えるほどつけ根あたりがぐちゃぐちゃに複雑骨折していて、壊疽が広範囲にわたって始まっていたそうです。
さらに背骨はボキッと折れ、ずれていました。
足はなんとなく反応あるけれどまひしていて、排泄時の糞尿がこびりついてうしろ足全体が化膿。穴が空いてウジがわきはじめています。

こんな風になるまで、かなり時間が経っているのではと先生がおっしゃったそうです。

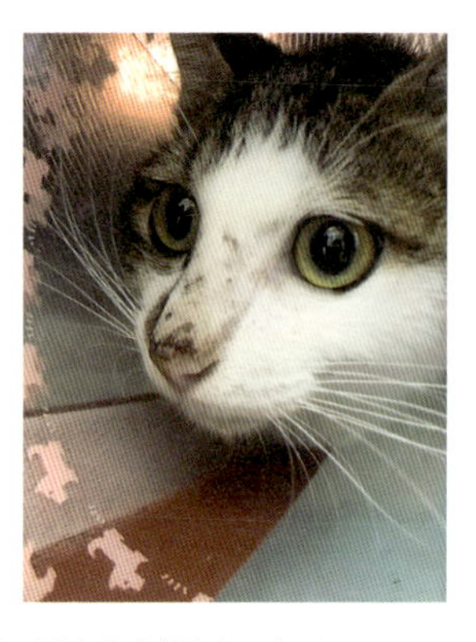

保護してくれた小林さんのInstagramに「まだ若いし顔だけ見ると生きることになんのためらいもないキラキラした少年です」と書かれていたエースの表情

さらにエースは、敗血症を起こしていました。
敗血症とは、細菌が血液中で増殖し、ショックや多臓器不全を起こす、命に関わる危険な状態。

断脚手術が必要でしたが、まずは敗血症を治さなくては手術ができません。
すぐに沖縄で入院させてもらい敗血症の治療をするも、エースの足はどんどん壊疽が進行していきました。

敗血症の治療をしている間も、
エースの両足は壊疽が
進行していきました

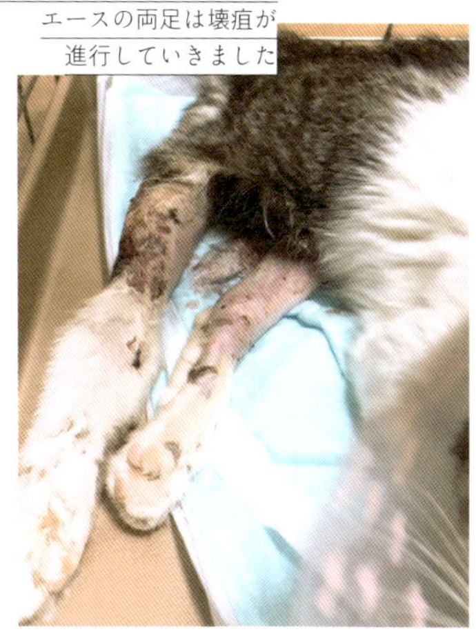

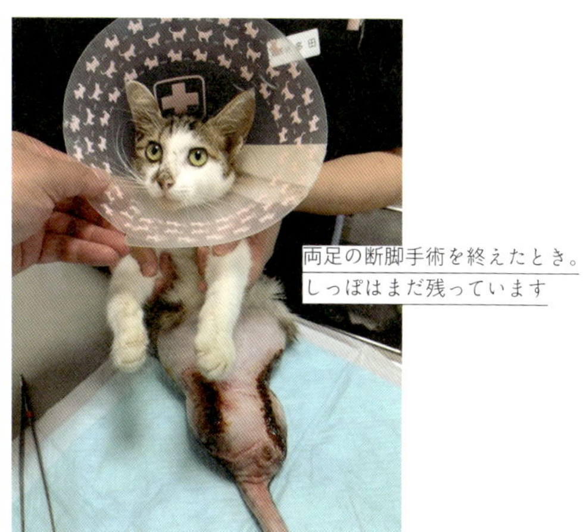

両足の断脚手術を終えたとき。
しっぽはまだ残っています

そして敗血症を脱したタイミングで空路、埼玉の「ねこかつ」さんへ緊急搬送！　その後すぐに断脚手術をおこなうことで一命を取り留めたのです。
最初は片足はなんとか残せないかと1本のみ断脚しましたが、やはりもう片方もだめで、両足を失うことになりました。

動物病院で断脚手術のような大きな治療をおこなえば、かなりの費用がかかります。
保護団体やボランティアさんにとって、一頭あたりの費用が高額になってしまうのは死活問題でしょう。そんななか、「どの命も平等だ！」と、エースを保護してくださったみなさまの勇敢な行動に敬服するばかりです。

エースは今では、生まれたときから二本足だったような暮らしぶりです。
走るのもビューン！と驚くほど速く、ちょっとした段差なら前足で軽々とのぼっていきます。うしろ足がない分、前足と背中の筋肉はムキムキです。

エースの適応能力の高さに驚くとともに、純粋に前を見て生きる力をもらっています。

DAILY

04

気になるエースのトイレ事情

両足をひどく負傷した状態で、沖縄の動物愛護センターに収容されたエース。どうしてそんなケガをしたのかはわかりませんが、そのときの衝撃で背骨が折れたことで、脊髄を損傷したのでしょう。いまだにお腹から下の感覚がありません。
もし原因が交通事故だったら、どんなに痛かったことでしょうか…。

自力で排泄をおこなうことができないため、一日数回、お腹を押すことで外から膀胱を圧迫して、おしっこを出すサポートをしています。この方法を「圧迫排尿」といいます。

エースに出会うまで、私は圧迫排尿という言葉すら知りませんでした。そのため、お迎えが決まってからは、何度か埼玉のねこかつさんで圧迫排尿の練習をさせてもらうことに。

初めての練習のとき、ねこかつスタッフさんから、
「水風船みたいなのが膀胱で、今はおしっこがたまっているのでソフト

ねこかつさんにて
圧迫排尿の練習中

ボールくらいの大きさになってます！」とエースを渡してもらいました。

学生時代にソフトボール部だったむすママ、それならばすぐにわかるだろうと思ったのですが…エースのお腹を触っても、どこに膀胱があるのかまったくわかりません。
その日の私はただ、エースのお腹をひたすらモミモミしただけでおしっこは出せず、スタッフさんや代表の梅田さんが華麗におしっこを絞るのを眺めて終わりました。今となってはいい思い出です。

エースは最初の練習のときからとてもいい子で、ゴロゴロとのどを鳴らしてリラックスしていました。

その後、何度か練習に通って膀胱をつかめるようになったのですが、うまく圧迫することができず、チョロっとしか尿が出せません。遠方に住んでいて練習に通える回数も限りがあったため、そんな状態でエースがうちにやってくる「トライアル」の日を迎えることになりました。

トライアル開始の日。
初めてのわが家にドキドキしながらも、
すぐケージから出てきたエース

保護猫の里親になる際には、「トライアル」という期間を経て正式な里親になることが多いです。
日数などの条件は保護団体さんによって異なりますが、意味合いとしては「猫さんにとって、お迎えする家に何か致命的な問題がないかを確認する期間」だと私は思っています。

トライアルが始まったということは、弱音は吐けないし、できないなんて言ってられません。
それ以上に、エースにわが家を気に入ってもらわなくては！

当時住んでいた家の、リビングと続きになっている和室をエースの部屋と決めて、お迎えの体制を整えました。猫友さんから大きめのケージを借りて、和室に設置。その中にベッドを置きます。
通常ならここにトイレも置くのですが、エースにトイレは必要ないので、広々とスペースを使えて快適そうです。
わが家に慣れるまでは、ケージに布をかぶせてその中で過ごしてもらい、お世話の時間になったら和室の扉を閉めて、ケージから出して圧迫排尿を行いました。

最初はおしっこを絞りきれているか自信がないため、2～3時間おきに圧迫排尿をする日が続きました。
夜はリビングのこたつで寝起きしながら、スマホでアラームをセッ

トライアル中の和室にて。
私たちの顔を見るだけで
寝転んでふみふみするエース

わが家に来てすぐの頃。
この頃から夫にべったり

圧迫排尿の体制は試行錯誤。
最初は向かい合わせでやっていました

おしっこの後はうんち。
おしりを刺激すると
コロンと出てきます

夫も圧迫排尿をマスター！

トして、回数をチェックしてはノートに手書きします。

また、あらかじめ近くの獣医さんに相談もしていたので、トライアル期間に圧迫排尿を見ていただいたり、アドバイスをもらったり、不安な時は排尿をしてもらいに通いました。

幸いエースは、わが家にきてからの圧迫排尿も毎回とても協力的で助かりました。
病院に行くのは嫌がるものの、帰ってきたら思う存分に甘えて、私や夫の顔をみるだけで、床に寝転がって前足をふみふみします。

エースのトイレ TIME

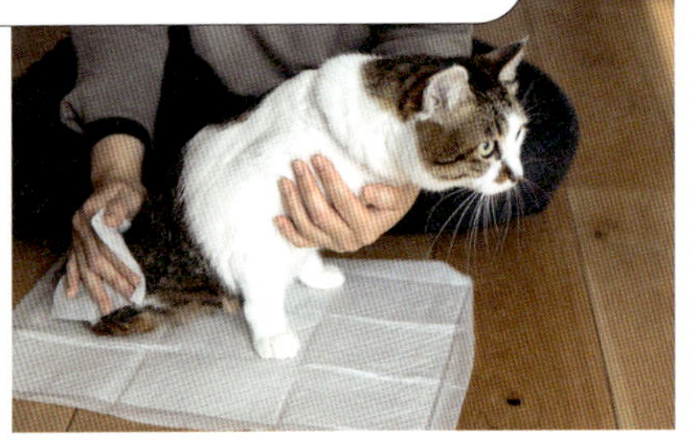
①まずはウェットティッシュで体を拭きます。

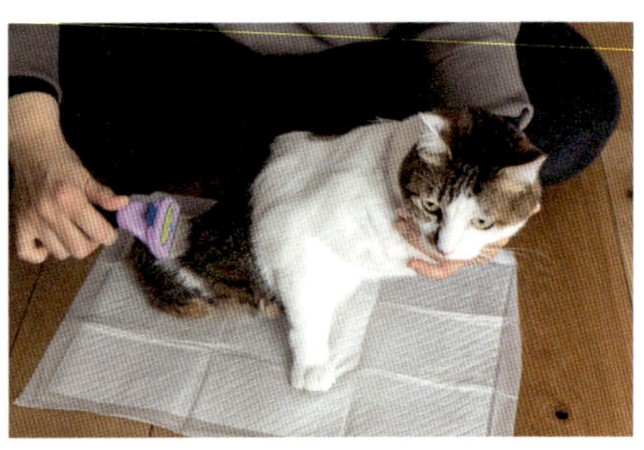
②次にブラシでエースの舌の届かない部分をブラッシング。

③お腹を圧迫して排尿を促します。

④続けておしりを刺激して排便を促します。

よく声を出して話しかけてくるし、なんだか表情も豊かで、感情がとてもわかりやすい子です。

そんなこんなでトライアル期間中になんとかコツをつかむことができ、そのほかの問題点もなく無事にトライアルを終えることができました。現在は圧迫排尿も上達して、「おしっこをほぼ絞れたぞ！」ということが指先でわかるようになりました。今のところ朝晩の一日2回、圧迫排尿を行っています。

「うんちはどうしているの？」という質問もよくいただくのですが、うんちは腸の動きで自然と出てきます。

最初はおむつで受け止めていましたが、どうしてもおしりが汚れてしまいますし、拭き取っても匂いが残るのでエースも気になっているようでした。かといって、おしりだけ洗おうと洗面台に連れていったらもう大パニック！　エース君、お風呂は絶対NGなようです。

あるとき、エースのような下半身不随の猫と暮らしていた方から、「うんちが出せるようになると、おしっこの間隔も空けられるようになるよ」と動画のコメントで教えていただきました。そこから、うんちも出してみようと試行錯誤。おしりを刺激すると楽に排泄されることがわかり、今ではおしっこのついでに毎回うんちもコロコロ出せるようになりました。

夫も、1週間ほどで圧迫排尿をマスター。普段は私がおこなっていますが、私が不在のときはお任せできるので安心です。

大変そうに思われるかもしれませんが、もうすっかり生活の一部になっています。人間のルーチンの中に、「お風呂、歯磨き、エスおし（エースおしっこの略）」という感じで完全に組み込まれていますので、大変には思っていません。

エース自身が圧迫排尿についてどう思っているのかはわかりませんが、自分に必要なことだと理解しているのでしょう。最初から最後まで、抵抗する様子はなくじっとされるがままになっています。
興味深いのは、終わったあとの排泄物が乗っているおしっこシートに、砂をかけて隠そうとするしぐさをすることです。一生懸命に床をカキカキする姿はかわいくて、また、本能がしっかり残っているんだなぁと感心させられます。

エースの圧迫排尿は「デトックス＆コミュニケーションタイム」として、毎日の大切な時間となっています。

トイレが終わったあとのシートに一生懸命砂をかけるしぐさをするエース

DAILY

05

エースはなぜ洋服を着ているの？

エースは365日、一日も欠かさずお洋服を着ています。体にぴったりとフィットするお洋服はなんとオーダーメイド！　もはや身体の一部と言ってもよいほどなじんでいて、エースのトレードマークにもなっています。

でも、猫さんはみんな毛づくろいが大好き。そのため、初めてエースの姿を見た人の中には、「猫に服を着せるなんて虐待だ！」と言う方もいらっしゃいます。

できれば洋服を着ることなく過ごせるのが理想なのですが、そうはできない事情があります。

エースにはかつて、長くて立派なしっぽがありました。
うしろ足の断脚手術の際に獣医さんから、
「あとあとの衛生管理のためには、しっぽも切断した方がいいと思いますが、どうしますか？」と聞かれたそうです。

そのとき、ねこかつさんは、
「汚れたら洗ってやればいいですから」と言って残してくださったのですが…。

その後なんと、エースは自分でしっぽにたわむれて、骨が見えるほどかみちぎろうとしてしまったのです。
感覚がないとはいえ、獣医さんも「なんでこんなことしちゃうの？」と驚いていたのだそう。

そして、それだけでは終わりませんでした。

エースは自分でお腹をかんで、傷つけてしまうのです。それもかなりひどく。
これまでにねこかつさんにいるときに1回、わが家に来てから1回の合計2回、お腹の縫合手術を受けています。

お腹の毛をむしって遊び始める

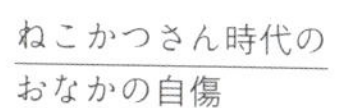
ねこかつさん時代の
おなかの自傷

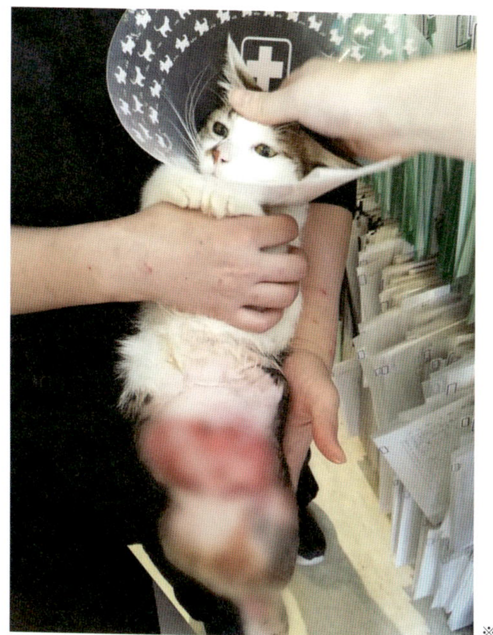
※写真をぼかしています

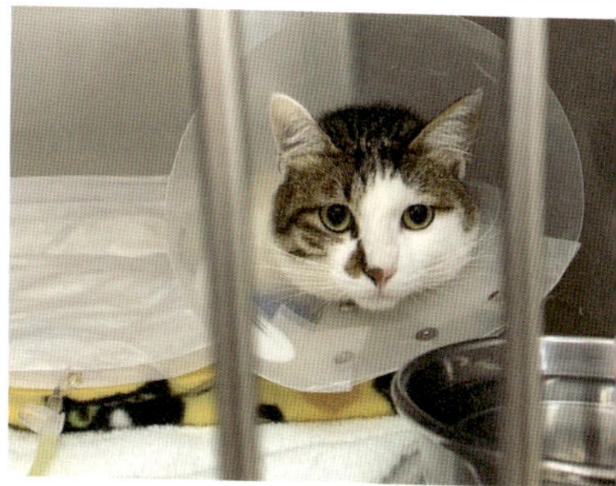
わが家に来てからのお腹の自傷後、
手術を終えたところ

1回目は、ねこかつさんで夜間、裸になっているときでした。
夜中に様子を見たときは大丈夫だったのに、朝一番にスタッフさんが異変に気づいた頃には、かなり広範囲をかみちぎってしまっていたそう。

2回目は、わが家に来て1ヶ月ほど経ち、お世話にも少し慣れてきた頃のこと。
朝の毛づくろいのためにエースを裸にして、15分ほどでしょうか。
掃除をするために目を離してしまいました。
それまで裸にしてもお腹をかむことがなかったので、もう大丈夫なのかも?と完全に油断してしまったのです。

掃除を終えて、エースがいる和室に行って愕然としました。
お腹の皮膚がガバッとむけて、血がにじんでいたのです。
範囲は手のひらの大きさくらいでしょうか…。

頭が真っ白になり、急いで獣医さんに電話をして、最短で見てもらえる時間に予約を入れました。ねこかつの梅田さんにも状況を伝えたところ、「一刻も早く診てもらった方がいい」とのことで、再び病院へ電話をして予定より早く診ていただくことに。

獣医さんも、エースを見て驚いていました。まさか猫が自分でお腹をここまでかみちぎるとは思っていなかったようです。

そこから緊急で処置をしてもらい、無事に縫合手術を終えたエース。
先生も「じょうずに縫えたよ」とおっしゃっていました。
病院もお忙しいなか、迅速に対応していただくことができて本当にありがたかったです。

エースにとって感覚のない下半身は、何か異物のように感じているのかもしれません。
お腹を毛づくろいしているのになにも感じないので、「なんで？ なんでだ？」と歯を立ててみたりして、どんどんエスカレートしてしまうのかも？

お洋服を着ていると自傷行為は起きないので、エースにとってお洋服は、身体を守るための大切な生活必需品なのです。

ちなみに、2回目の縫合手術のとき、
「皮を寄せて縫ったので、これ以上自傷させると縫い合わせる余裕がなくなるよ」と獣医さんに言われました。
幸い傷はきれいに癒えて、その頃よりも体も大きく成長してお腹もぽよぽよしていますが、もう二度と手術させないことを心に誓っています。

DAILY

06

“エリカラ”をつけていたときのエース

猫は本来裸で過ごすもの。
ねこかつさんに保護されたあと、保護猫カフェではなるべく服を着ずに過ごせるよう試行錯誤してくださっていたようです。

あるとき、以前ねこかつさんで猫の里親になった方が、エースにぴったりサイズのエリザベスカラー（通称エリカラ）を作ってくださったそう。

布で作られており中にはふわふわの綿がたっぷり！　厚みもあって、お昼寝の枕にもピッタリです。
少し小さめのサイズでまるでドーナツみたいなエリカラは、エースをさらにかわいく見せてくれて私もとても気に入っていました。

今はサイズアウトしてしまったのと、もしかしたらお腹に口が届いてしまうかもしれないので、ほとんどつけることがない幻のアイテムとなっています。

わが家でもなんとか裸に近い姿で過ごせないものかと、レッグウォーマーを腹巻きとしてつけたこともありました。でもすぐに脱げてしまって結局目が離せないので、結局はこちらもあまり使うことがなくなってしまいました。

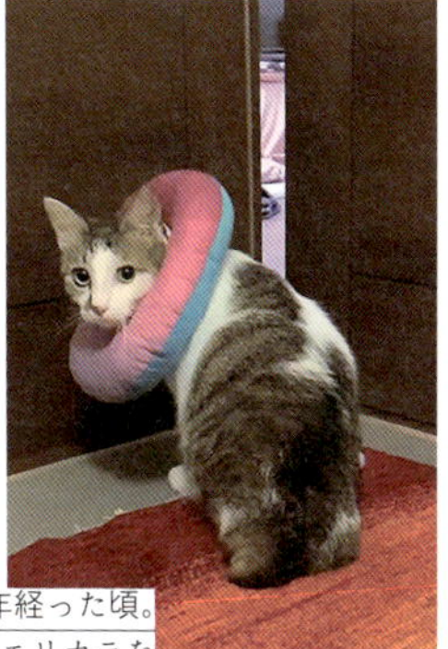

わが家に来て１年経った頃。
このときはまだエリカラをつけていました

腹巻き姿で毛づくろい中のエース。
腹巻き姿はとてもかわいい！
写真をたくさん撮っておいてよかったです

DAILY

07

自分でグルーミングできない…

エースはグルーミングが大好き。
お洋服を着ている間は前足や顔しか毛づくろいできないので、毎日「はだかんぼタイム」を設けています。

お洋服を脱いだエースは、天気がよい日は日だまりにささっと移動して、寝転んで気持ちよさそうにグルーミングを始めます。
まずは肩周りから、そして器用に体を丸めて、おしり周りも念入りに…。

どうしても口が届かない首のうしろや背中はむすママの担当です。
ブラッシングしたあとに、ウェットシートで拭き取りをしています。

ブラッシングをしていると、エースもお礼とばかりに私の手を一生懸命なめてくれます。お互いにグルーミングしあう至福のひとときです。

うしろ足がなく耳をかくことができないので、ウェットシートで拭き取るととても気持ちよさそう。
耳がかゆくなると、「かきたいよー」と、まるでうしろ足でかいているように首を曲げて教えてくれます。

ちなみに、わが家では歴代の猫さんにシャンプーをしたことは一度もありません。
それなのに臭わないし、むしろいい匂いがするので、猫ってほんとに分子レベルで素敵な生き物だなと思っています。

ただし、エースが裸のときには注意が必要です。
どうやら毛づくろいに満足すると、お腹の方が気になってしまうらしく、今でもちょっと目を離した隙に毛をむしったり、歯を立ててしまいます。

お腹を気にしはじめたら本日の毛づくろいタイムは終了！
お洋服をスポンと着て、また日だまりでまどろむエースなのでした。

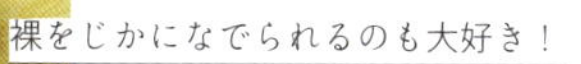

裸をじかになでられるのも大好き！

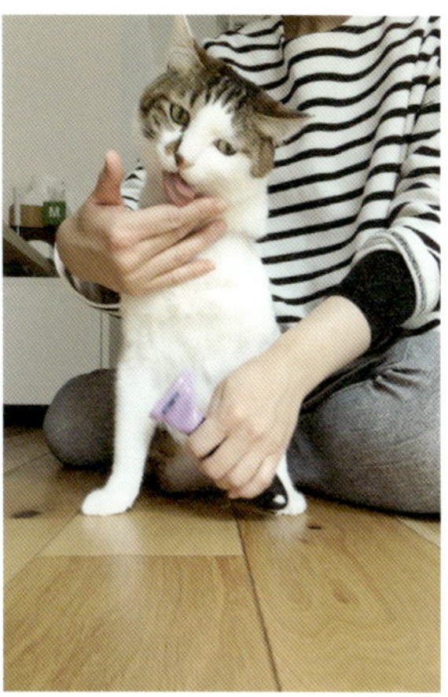

ブラッシング中はいつも
お礼に手をなめてくれます

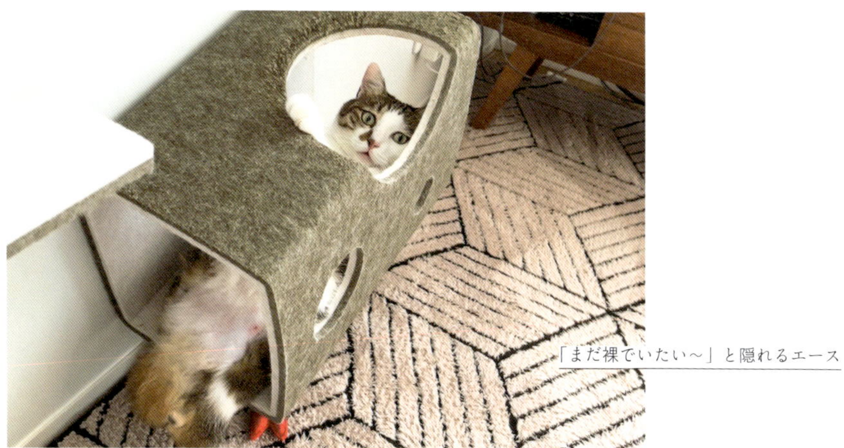

「まだ裸でいたい～」と隠れるエース

まるでブレイキン？

背中もムッキムキ！
まるでふくろうみたい？

鳥のおもちゃに大興奮！

ムキムキの腕でまねきねこポーズ

体全体をしならせて
こんなふうに
ジャンプもできます！

DAILY

08

日々筋トレ！マッスルエース

エースは運動神経バツグン！　毎日二本足で、部屋中をかけ回っています。

平らな床は高速でピューっと走って、スピードが乗ってくるとおしりがぴょんっ！と浮かびます。
高いところにも果敢に挑戦！　前足のパワーでぐんぐん登っていきます。

エースが誤飲しないようにおもちゃを高いところに置いていたのですが、それが床に散らばっていたときはとても驚きました。

そんなエースを見てときどき、五体満足で元気に外を走り回っている姿を想像します。

鳥のおもちゃにクラッキング※するので、お外では鳥を狩っていたのかも？
ネズミのおもちゃが大好きで執拗に遊ぶので、きっとお外でも…。
木の上にもトトトッと登って、高いところから街を見渡していたのかな？

猫さんは、過去を振り返ってあの頃に戻りたいと思うことはきっとないのでしょう。
二本足で今日も元気に走り回って筋トレに励む（？）エースを見て、そう思うのです。

※クラッキング…猫が「ケケケッ」など興奮状態で鳴くこと。狩猟本能から、おもに獲物がいて興奮しているときに発すると言われています。

エースが生まれた沖縄の保護猫事情

エースが保護された沖縄県は、猫にとってどんなところなのでしょうか？
エースを愛護センターから引き出して保護してくださった
「沖縄野良猫 TNR プロジェクト」の小林恵未さんに伺いました。

エースの生まれた沖縄には野良猫がいっぱい

むすママ（以降・む）：小林さん、改めてエースを助けてくださって本当にありがとうございます！おかげさまで、こうして毎日元気に過ごしています。

小林さん（以降・小）：エース君！　SNSでも見守っていましたよ。

む：今回は、小林さんの活動について教えてください。小林さんは、沖縄で10年以上保護猫活動をされていらっしゃるそうですが、これまでどのくらいの猫さんを保護されてきましたか？

小：数が多すぎて正直もう数えきれないのですが…個人での保護活動を経て、愛護センターからの引き出しをおこなうようになり、一度に保護する頭数が30頭以上にのぼることもあります。年間で100頭は保護していると思うので、10年以上だと1000頭は超えているのかな？

む：すごい数ですね。そもそも、保護猫活動を始められたきっかけはなんだったのでしょう？

小：もともと動物が好きでした。以前は群馬県に住んでいたのですが、そのときから近所にいる猫の不妊去勢手術を個人でおこなっていました。東日本大震災のときには、被災地の近くに行って保護動物たちのお世話をするボランティアに参加したこともあります。その後、子どもが生まれて、自然豊かな沖縄で子育てしたいと移住したのですが、野良猫の多さに驚きました。家から徒歩10分のところに海があったのですが、20～30匹の猫たちがわらわらといるんです。そこよりちょっと内陸の公園に行ってもそんな感じで。
地域柄、猫が大切にされているのかな？と思ったのですがそうでもなく…外の猫たちの生活は過酷なものでした。

む：すごい数の猫さんがいたるところにいる状態だったのですね。あまりにも多いと、逆に諦めの境地に達してしまう気もします…。そんななか、沖縄で保護活動を始められたのはどうしてですか？

小：公園や海辺に通って、そんな猫たちと接していると、情もわいてきますよね。ある日、いつも会っていた海辺の猫が、子どもを産んだんです。1歳にも満たないような小さな体で、です。消波ブロックの下に隠れて、ときには大波をかぶりながら満身創痍で子育てする姿を見て、このままではいけないと保護活動をおこなうことを決意しました。

む：その様子は胸が痛みますね…。

小：まずは個人でできる範囲で数匹ずつTNR※

をおこなっていきましたが、猫の数が多すぎて、そんなペースではとても間に合いません。もっといっせいにやらなければ、数は減らないと思いました。また、病気の子などを家で保護していき、気づけば家に20匹も猫がいる状態になってしまいました。これは里親を探す活動にも力を入れなければと。

※TNR…トラップ・ニューター・リターンを略した言葉で、捕獲器などで野良猫を捕獲(Trap)し、不妊・去勢手術(Neuter)をおこない、元にいた場所に戻す(Return)という野良猫の繁殖を抑えるための活動。

小：そんなとき、TNRのいっせい手術ができる獣医さんを知っているという方と出会います。「手術できる場所があって猫が集められるのであれば、協力できる」とのことでした。「それなら私は猫を集められるからやってみよう！」と、近所の公園で300頭のいっせい手術を実施することにしました。

む：すごい規模ですね。それが「沖縄野良猫TNRプロジェクト」のはじまりですか？

小：はい、2014年頃の話です。そのときのメンバーの一部がいまでも、ボランティアで一緒に活動してくれています。当時、どうせやるなら声を大きく、いろいろな人と一緒にやった方がいいと思って、SNSを使って協力を呼びかけて、市も巻き込んだりして。総勢50名ほどの人が賛同してくださいました。公園の管理スタッフさんも猫を減らしたいと思っておられて、力を貸してくれたんです。

む：まさに一大プロジェクトですね。300頭はどのくらいの期間で手術できたのですか？

小：1週間です。市が管理している大きな公園にある有名アーティストのコンサートでも使われる劇場を貸してもらい、そこで手術をしましたが、段取りが本当に大変でした。手術の前日までに猫たちを片っ端から捕獲して、手術が終わったら1～2日様子を見て、元いた場所に戻す。戻す場所を間違えないように、番号で個体管理をしながら実施しました。

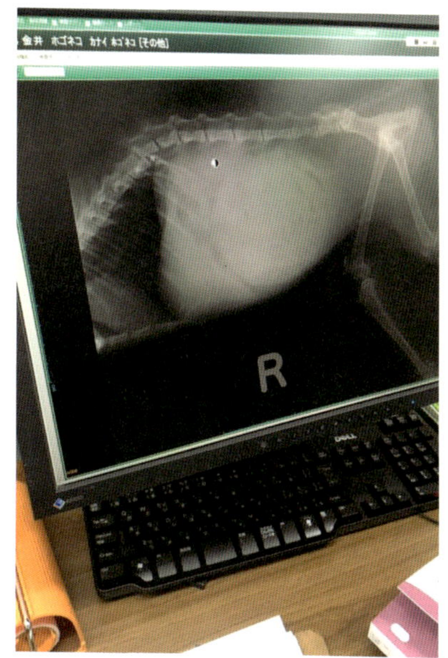

沖縄の病院にて撮影されたエースのレントゲン写真。背骨が折れてずれている

む：手術の前後も猫さんの管理が必要ですもんね。すごいケージの量になりそう。

小：それはものすごい数のケージでしたよ(笑)。終わったときには私たちも満身創痍でした。よく保護猫活動を水道にたとえるのですが、「水道の元栓を締めなければ水は流れ続ける」ので、元栓を全力で締めにいったという感じです。

命の期限は1週間。その日は「魔の金曜日」と呼ばれ…

む：そこから今まで、10年以上活動を続けて来られたのですね。エースを保護されたのは2019年ですが、そのときのお話しを聞かせてもらえますか？

小：エースを保護する1年ほど前から、ねこかつ(P.12参照)代表の梅田さんと知り合って保護活動を手伝ってもらっていました。

TNRだけでなく、愛護センターに収容される猫の引き出し※を始めて数年経った頃です。沖縄の愛護センターでは2013年頃まで、1カ月に猫が数100頭も殺処分されていました。その子たちもどうにかしたいと、引き出しを始めてからはさらに忙しくなって。猫の保護活動は基本的には猫が活動する夜～明け方の薄暗い時間におこないます。保護しては仮眠をとって、また現場に行って…と、車の中で暮らしていたほどです。

※保護団体が新しい家族の募集を代理でおこなうために、行政施設から動物を引き出すこと。

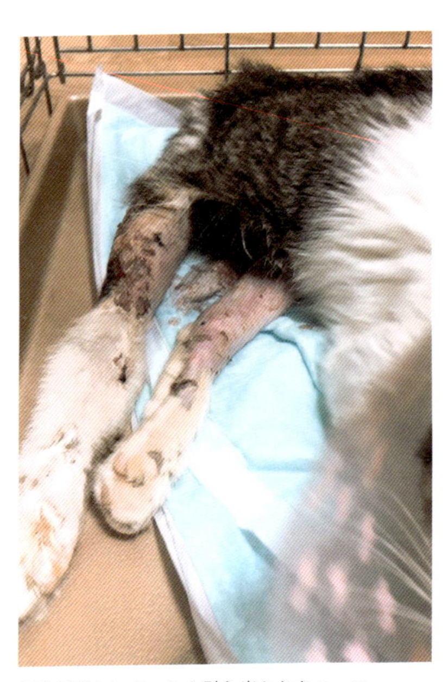

動物愛護センターから引き出されたエース。足が見えづらいですが、かなりひどい状態

小：梅田さんは「小林さん。愛護センターとつながりがあるなら、行政と連携して沖縄の猫たちの環境をよくしていきましょう」とおっしゃいました。そこから、行政に意見するならこちらもできるだけのことをしようと、収容された猫を選別せず、どんどん引き出して保護していきました。「殺処分しないで」と頼んでいるのに、引き出すときに「この子はケガをしているからあとまわし」といったような命の取捨選択をすることはできません。

当時は、多いときで一日に20～30頭もの猫がセンターに収容されていました。収容されてから1週間で殺処分になってしまいます。私たちはその日を「魔の金曜日」と呼んで、それまでになんとか猫たちを引き出していました。その中にいたのがエースです。「負傷猫」と知っていて引き出しました。

む：すごい決断と行動力ですね。ケガや病気の猫はお金もかかりますよね。その勇気に感動します。

小：実際には、「負傷猫」という情報があっても、詳しい状況は引き出してからわかることが大半です。愛護センターでエースを見たとき、エースはこちらにおしりを向けて座っていて、顔だけ振り向いている感じでした。うしろ足をだらんと伸ばしていましたが、まさかそんなに酷い状態だとはわかりませんでした。

エースはまさに奇跡の猫。命を繋がれたラッキーボーイ！

む：エースは交通事故に遭っていたのでしょうか？
小：本当のことは誰にもわかりませんが、普通に高いところから落ちただけではありえないケガなので、余程の衝撃を受けたのでしょう。交通事故だったのかもしれません。足は複雑骨折していて、背骨はボキッと折れていたのですから…。
これまでに何度か交通事故に遭って間もないの猫たちを見たことがあります。助けなきゃ！と思って行こうとすると、そういった子は動かせる足で懸命に身を隠せる場所に逃げてしまうことが多いんです。きっとそのまま、そこで息絶えてしまうのではないかと思うのですが…。そんななかで、エースはおそらく、ケガから数週間経ってから収容されました。愛護センターの方に見つけてもらえる場所にいたことと、人が近づいても逃げなかったことがよかったのでしょう。本当に奇跡です。
む：私の住む地域でも、1ヶ月に1度くらいのペースで事故に遭った動物を見かけます。沖縄も、やはり交通事故は多いですか？
小：そうですね。数年前のデータですが、全国で殺処分の10倍以上の猫がロードキル（車にひかれるなどで道路で動物が死亡する事故）で亡くなっているとありました。
む：外の猫たちは、そういった危険にも常にさらされているんですよね。そんな中で助かったエースはラッキーボーイということですね。
小：はい！ エースはなにか持っていますよ。
む：エースを保護されたときの小林さんのSNSを読みましたが、エースは引き出したときから人に甘えていたとか？
小：エースは病院で処置されるときも、「どうぞ足をみてください～」という感じで、嫌がる様子もありませんでした。通常、ケガをした子は痛みで触られるのも嫌がることが多いのですが、エースは人間に甘えたくてずっとゴロゴロとのどを鳴らしていました。もしかしたらすでにまひしていて、痛みを感じていなかったのかもしれませんが…。
む：エースらしいですね。沖縄で敗血症の治療をしてから、ねこかつの梅田さんに引き渡されたのですよね？
小：敗血症が落ち着いたタイミングで、梅田さんから「飛行機に乗せられそうなら、その子を引き取ります。治療費もその後のケアも任せて」と言っていただきました。ちょうどその頃、ほかに保護した猫が子猫を産んだり、虐待にあって足を三本切断した子がいたりして医療費も大変なこともあり、梅田さんがエースの治療費を気にかけてくださったのだと思います。
沖縄でも保護猫活動をする人が増えてきていますが、TNRや活動に対応した医療体制はまだ整っているとは言えません。一般的な動物病院で診てもらうと、治療費が高額になります。沖縄でエースの断脚手術をおこなっていたら、数十万円はかかっていたでしょうね。断脚後もエースはいろいろと難題がありましたよね。とても大変だったと思います。
む：小林さんと梅田さんの連携プレーで、エースは一命を取り留めることができたことが改めてよくわかりました。本当にありがとうございます。

幸せになった猫の姿は、10年の活動の証

む：保護猫活動を始めたときと今を比べて、変化を感じることはありますか？
小：今、TNRをして地域猫のお世話をしている場所が5～6ヶ所あるのですが、自分が見ている場所では、ほとんどの猫が桜耳※になってきました。10年で着実に変わってきていると感じています。

※桜耳…不妊手術済みのしるしとして、耳先をV字にカットした猫のこと。V字が桜の花びらのようなので、桜猫と呼ばれている。

む：活動してきてよかったと思うのはどんなときですか？
小：やっぱり、里親さんの元で幸せに暮らしている猫の姿を見ると、そこまでの大変なことを全部すっとばして、「よかったな～」と思えますね！　エースを見てもそう思います。
む：それはうれしいです！　では、活動するなかで難しいと思うことはなんでしょう？
小：難しいことだらけです（笑）。最初は海沿いや公園の猫のTNRから始めた保護猫活動ですが、そういった公共施設は管理者も猫を減らしたいと考えていることが多く、活動にも協力的です。でも、住宅街でのTNRは本当に難しい。まずは猫がどこにいるか、こまめに足を運んで把握して、近隣の方にヒアリングをして、手術してもよいとなったらご飯をあげて体力をつけてもらって、捕獲機をセットして捕獲して…とやることがたくさんあります。
そんな中で、別の住民から「エサをやるな！」と怒られることもあったりして。
む：そうなると、猫の問題以上に人の問題になってきそうですね。
小：おっしゃるとおりです。保護猫活動をするには、いろんな人と話し合ったり、交渉したりすることが不可欠ですね。
む：今、一番の課題はどんなことでしょうか？
小：やんばる3村（国頭村、大宜味村、東村）や離島での猫の問題です。それらの地域では、在来野生生物を守ることなどを目的※に、飼い主のいない猫に対し、給餌や給水をおこなってはならないとする条例が制定されています。そこにいる飼い主のいない（または不明）とされる猫は捕獲の対象となるため、保護団体が無理をして保護しているのが現状です。
そんなことをしなくても、TNRで10年もかければ、猫は確実に減っていくことは経験からわかっています。この問題については、ねこかつさんをはじめ、さまざまな愛護団体も反対の声をあげています。
（2025年3月の情報）

※希少な野生動物を猫が捕食して、絶滅に追い込まれることを防ぐため。

む：保護団体が引き取っている子たちの譲渡が推進されるためにも、もっと多くの方に知っていただきたい問題ですね。とはいえ、沖縄にはペット可物件が少ないという問題もあると伺いましたので、譲渡がなかなか進んでいかないという事情もわかります。

保護活動には終わりがない。よりよい未来を目指して

む：最後に、今後の目標や夢はありますか？
小：活動を始めた頃は、海沿いの猫たちがみんな桜耳になって、子孫を作らず、一代限りの命をまっとうしてもらう、そんな姿を見届けることが夢でした。それがかなったら一旦活動から引退しようと考えていました。今、10年経って、実際にそんな状態になってはきたけれど、保護活動は終わりがないですね。まだ続けています。
外で暮らす猫たちは、写真家によって素敵に切り取られることもありますが、ほとんどの時間は辛い思いをしています。もし彼らの1日を見ることができるなら、何度涙することか…。寒さや大波、潮風にさらされる子たちがいなくなって、幸せな猫たちが増えることが夢です。
沖縄で保護猫活動をする人たちも増えてきました。みんなが同じ方向を見ているなら、一緒にやった方がもっと活動が進むので、いつかそんなふうになればいいなと思っています。

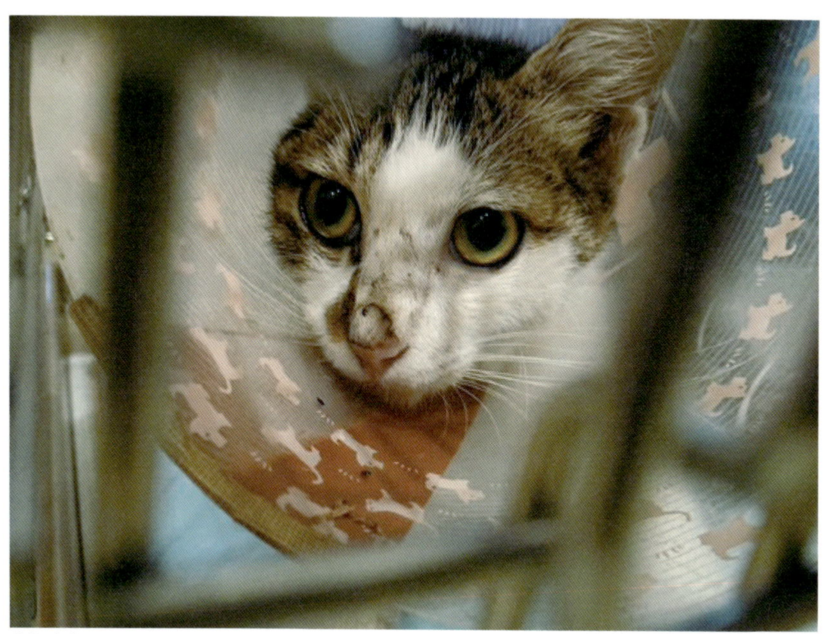

動物愛護センターから引き出されたときのエース。ひどいケガでしたが、瞳はとても力強い

chapter.

2

むすびより家の日常

二本足だけど活発な怪獣猫エースと、ビビりで食いしん坊な
女子猫おむすび。さらに娘も生まれて、わが家は大にぎわい！
それぞれの関係性も楽しんでください。

MUTUAL LOVE

エースとむすパパは 相思相愛

エースは夫(むすパパ)のことが大好き。わが家に来たときから今日まで、私と夫に全力で甘え続けているエースですが、「私より夫の方が好きなのかも?」と思うことがあるほどです。

というのも、抱っこが大好きなエース。なぜか夫に抱っこされたときだけ、頭や首元に熱烈にスリスリするのです！そのときの表情は、目も閉じちゃって、まさにウットリ顔。
何かフェロモン的なものでも出ているのかしら…?

テレビを見るときも、寝転ぶ夫の頭や胸の上でピタっと密着してリラックス。ゴロゴロ大音量でのどを鳴らしています。

そんなふうに甘えられて、夫もすっかりエースに甘々になっています。
先住猫のおむすびさんが残したカリカリをたびたび、「ひとつだけね」とコッソリあげるのはほどほどにしてもらいたいものです。

ちなみに夫はエースのことを「わんちゃん」と呼んでいます。由来はいつもエースが「わーんわーん」と話しかけてくるからだそう。
エースも「わんちゃん＝自分」と理解していて、呼ばれるとうれしそうにくっつきにいっています。

朝の日課の
抱っこタイム。
至福の表情で
スリスリ、スリスリ

むすパパに
高い高いしてもらって
ご満悦なお顔。
「うれしいじょ」

お昼寝中のパパに寄り添う

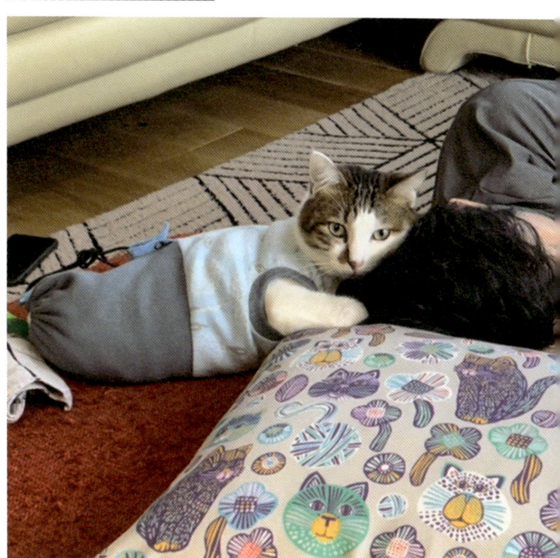

仕事に行くパパを足止め

OLDER CAT

エースの先輩猫・おむすびさん

わが家にはエースのほかに、おむすびさんという黒白のメス猫がいます。
エースより3年ほど早く、犬猫の里親サイトで出会い、お迎えしました。

おむすびさんも元保護猫。東京は新宿区にいた都会っ子です。
保護してくださった「曙橋猫の会」さん曰く、地域にある日ふらっと現れたそうで、その地域の方がかわいそうに思ってお刺身をあげたところ、その家の前でじーっと動かず待つようになったのだとか。
古い団地がある場所だったので、もしかしたらお世話をしていた人がいたけど、何かあって路頭に迷ったのかも？とのことでした。
保護された時点で、すでに不妊手術ずみだったおむすびさん。耳はケンカのあとなのか少し切れていますが、桜耳ではありません。外に自由に出かけていた家猫だったのかもしれません。

保護当時で推定年齢5歳以上。歯は当初から半分以上なく、わが家にきてからもポロポロ抜けて、今はほんとにちょっとしか残っていません。もう7年一緒に暮らしているので推定12歳以上ですが、もしかしたらもっと高齢かもしれないと獣医さんに言われています。

おむすびさんの性格は、警戒心がとっても強いビビり女子！
嫌なことは一度されたらずっと忘れないタイプ。
パーソナルスペースもかなり広めで、わたしたちも数年経つまで、手をいっぱいに伸ばさないとなでられないほどでした。

でもエースが来てからというもの、か

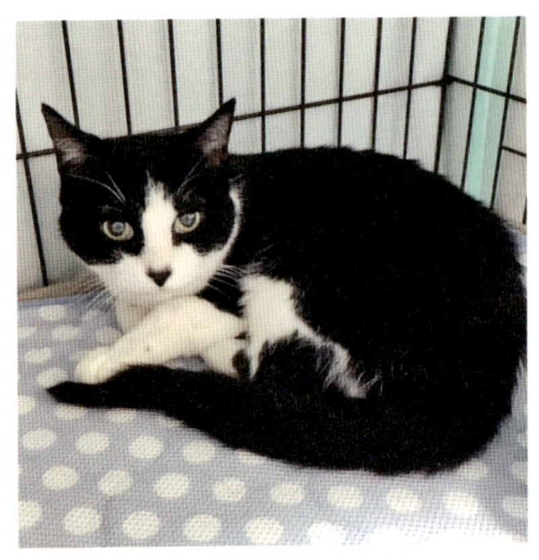

おむすびさん、里親募集のときの写真

撮影スタッフがお邪魔したとき

歯がほとんどなかったおむすびさん、
今では前歯の牙も抜け落ちてしまいました

なり近くでなでたり、おでこにキスしたりできるようになりました。エースの甘え方を観察して、触発されているのかも？　そう思うと愛しさが募ります。

そんなおむすびさんですが、最近は体重も減って、腎臓の数値もあまりよくありません。そして彼女は猫エイズキャリア※。今のところ発症はしていないようですが、目や耳などいろいろと不調が出やすくなっています。
きれい好きなおむすびさんの日常が快適であるように、トイレをこまめに掃除したり、シーツを洗濯したり、清潔にすることを心掛けています。

※猫免疫不全ウイルス(FIV)に感染している猫のことを指します。FIVウイルスが一度体内に入ると生涯にわたってキャリア猫として生きていくことになりますが、すべての猫が発症するわけではありません。唾液や血液中に含まれるウイルスが傷を介して感染しますが、猫エイズウイルスは人や犬には感染せず、感染力も弱いため、猫同士であっても飛沫感染や空気感染の心配はありません。

すごく甘えたいときは
床に寝転んでくねくね。
「おむすびころりん」

エース教官による
ハイハイ指導

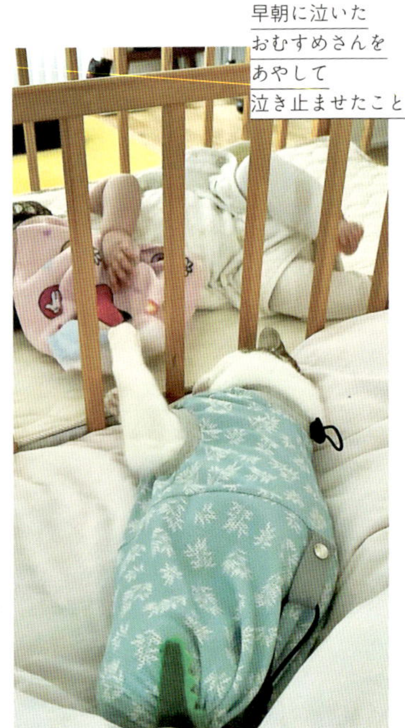
早朝に泣いた
おむすめさんを
あやして
泣き止ませたことも

BIG BROTHER

末っ子エース、にぃになる

2023年10月、わが家に第一子となる娘(おむすめさん)が誕生しました。

予定日を過ぎても生まれる気配がなく、そこから出産のために2週間近く入院したむすママ。
それまで長く家を空けることがなかったので、おむすびさんもエースも不安を感じたのでしょう。不在中は、ふたりともむすパパにべったり甘えて過ごしていたそうです。

むすパパもその期間、おむすびさんのお世話やエースの圧迫排尿を頑張ってくれました。
そして、赤ちゃんを連れて帰り、いざ猫たちと初対面！
エースもおむすびさんも、初めて見る赤ちゃんに戸惑っている様子で、くんくんと匂いを嗅いでから遠巻きに見つめていました。

しばらく猫たちは赤ちゃんを観察する

おむすびさんも
おむすめさんには
シャーせず、
触られてもじっと
許しています

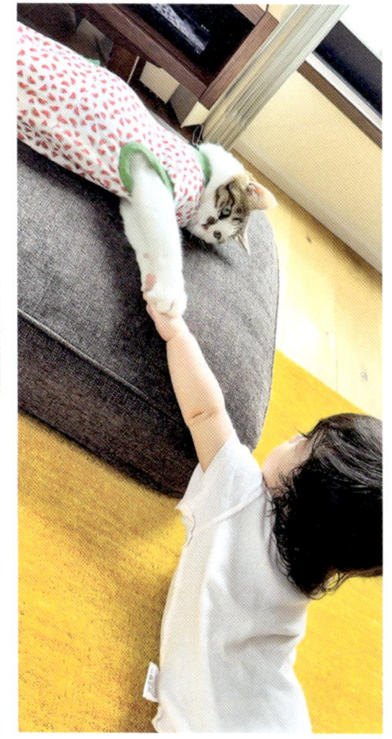

仲よく遊ぶふたり

日々でしたが、徐々にその存在に慣れてきたようです。
わが家の末っ子として甘えたい放題だったエース。赤ちゃんに嫉妬したりするのかな?と気になっていましたが、意外にもおむすめさんにはおもちゃを譲ったり、警戒しながらも近くに寄り添っていたり。まるでお兄ちゃんの自覚があるかのような態度を示しています。

おむすめさんのハイハイが始まると、「にぃに」としてエースはよいお手本に!「こっちだじょ」というように、絶妙な距離感でおむすめさんを誘いながら歩き回っていました。

おむすびさんは相変わらずマイペース。でも、エースがやってきたときと違って、おむすめさんが近づいてきても「シャー」したり、手を出したりすることはありません。
ふたりともおむすめさんのことは本能的に「守るべき存在」と認識しているようで、生命の不思議を感じます。

最近はおむすめさんも活発に動き回るようになってきて、エースはしっぽをつかまれることもあるのですが、やっぱり怒らずに近くで見守っていてくれます。
これからおむすめさんが大きくなったら、一緒に遊んだり、おやつを食べたり、エースとおむすびさんのよい遊び相手になってくれるかなと、そんな日を楽しみにしています。

EMPLOYEE CAT

むすママのお仕事と 社員猫・エース

私、むすママは現在、『犬猫生活』という会社で働いています。犬猫生活は、素材や製法にこだわったプレミアムペットフードの販売をはじめとした、ペットケア事業を展開する会社です。

また犬猫生活は、犬猫生活福祉財団という動物福祉団体を運営しています。群馬県のシェルターで犬猫を保護していたり、他の動物愛護団体へ助成金を出したりといった活動をおこなっています。財団の運営にも設立時から携わってきました。

仕事は基本的にはリモートワーク。在宅なので、エースやおむすびさんと同じ空間にいながら仕事ができてとても助かっています。

仕事をしていると、エースの「遊んで～」アピールが始まります。
まずはお膝をちょんちょんして、抱っこしようとするとダダダッと走って逃げる、を繰り返します。しばらくすると諦めて、お膝をちょんちょんからそのまま前足でよじ登ってきます。

そのあとは抱っこでくつろぎながら、むすママの仕事を監督します。

エースは抱っこが大好きなので、一度抱っこすると自分から降りることはほとんどありません。
ずっと抱っこしているわけにもいかないので、パソコンの横にエース専用のくつろぎスペースを作りました。しばらく抱っこしたら、そのスペースにエースを移動します。そこで仕事をするむすママを見ながら、ウトウトまどろむのがエースの日課です。

オンラインで会議をおこなうことも多く、ときには社員猫としてエースが会議に参加することも！
犬猫生活は「保護犬猫手当」があるほど犬猫フレンドリーな会社です。犬猫と暮らしているメンバーも多いので、それぞれの子が会議にしばしば映り込み、なごやかな雰囲気で仕事をしています。

犬猫生活のサイトに載っている文章が大好きなので、紹介させてください。

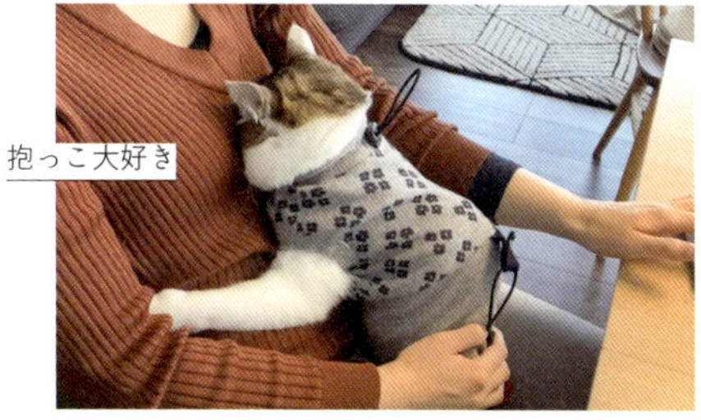

『犬猫生活』のホームページより

生まれてきてよかったね。

動物たちは、
自分でごはんを選べない。
私たちは、動物たちのいのちを思い、
本当に信じられる
ごはんだけをつくります。

そして、その利益の20%で、
殺処分ゼロを目指す
活動を応援し続けます。

一日でも長く、一緒にいられること。
「生まれてきてよかったね」と、
全ての犬猫に言ってあげられること。
それが、私たちの願いです。

inuneko-seikatsu.co.jp

トイレに連れていかれたエースを心配して、
廊下で鳴いてまっていたおむすびさん

「おむちゃーん」。ちょっかいを
出すのはいつもエース。
そして返り討ちにあう

EMOTIONLESS

おむすびさんと エースの仲は…

猫さんたちが寄り添って毛づくろいし合ったり、一緒にお昼寝したりする光景は本当にかわいいですよね。
エースをお迎えすることになったとき、おむすびさんとエースのそんな姿が見られるかもしれないと淡い期待を抱いていました。

ところが、2匹がともに暮らし始めて5年。今のところ、その姿を拝むことはできていません。

ふたりの関係はというと、エースはおむすびさんと遊びたそうにちょっかいを出していますが、おむすびさんは完全に相手にしていない、という感じ。
年齢が離れていることも、ふたりの温度差の大きな理由なのかなと感じています。

とはいえ、おむすびさんがエースのことが嫌いなのかというと、そういうわけでもなさそうです。
圧迫排尿の前にエースを抱っこしていると、おむすびさんが様子を見に来て、エースと鼻と鼻を近づけて挨拶をしています。

以前、エースの圧迫排尿を人間のトイレの個室でした際に、トイレの中が怖いのか、エースがずっと鳴き続けていたことがありました。すると、ベッドで寝ていたおむすびさんが起きてきて、扉の前で心配そうに中の様子を伺って、鳴いて待っていたことがあったのです。
べったり仲よくしたいわけではないけど、一緒に暮らす家族として心配はしているのかな？と思った出来事でした。

また、来客が苦手なふたり。猫たちの部屋に工事業者の人が来た際は、一緒にこたつに隠れていたことも。
猫たちが見当たらず探していて、まさか…とこたつ布団をめくったところ、同じ顔で固まってこちらを見ていて「ふふふ…」となりました。

SNSでたまに「2匹の仲がよくないのに、一緒に暮らすのがかわいそう」と言われることもありますが、私はそうは思っていません。

わが家のふたりは元保護猫。外で暮らしていたときは、雨風にさらされたり、暑さ寒さや飢えに耐えたり、辛い思いをしたことがあるかもしれません。
命の危険を感じることなく、それぞれ自分のテリトリーをしっかりもって安心して過ごせる環境なら、お外よりも絶対いいと思います。

それに猫は単独行動を好む動物で、1匹で過ごすことを寂しいと感じないことが多いとも言われています。
だから、このまま仲よくならなくてもいいのかな、とさえ思っているのです。

おむすびさんの
しっぽが気になる…

来客が怖くて一緒に
こたつで隠れていたことも

「あのおこちゃま、どうにかしてなの」

MY CHILDREN

むすママと 子どもたち

おむすびさん、エースに加えて娘が生まれ、今では私も3つの命のママという立場になりました。

犬や猫を、人間と同じように子どもと表現することを苦手に感じる方もいるようですし、その感覚もわかります。私も、「もし娘が生まれたら、娘だけ飛び抜けて一番大事になって、猫たちに対する気持ちが変わってしまうのでは？」と少し心配していました。

どの子も宝物です

ですが、いざ娘が生まれて1年以上経って感じるのは、愛情の面では猫たちも娘もまったく同じ対象で、心配無用だったということです。

もちろん、人間の赤ちゃんは自分で何もできないので、手がかかる分、一緒にいる時間は長くなります。エースとおむすびさんには、寂しい思いをさせることもあったでしょう。

エースは娘が眠っている時間＝自分が一番甘えられる時間と認識していて、お昼寝の時間をとても楽しみにしているようです。だからなるべく、その時間は用事を入れずに同じ部屋で過ごすようにしています。
夜は胸元にぴったりくっついて、しばらくは私の顔や腕をフミフミしながらゴロゴロと大音量でのどを鳴らしています。そしてそのまま朝まで一緒に眠ります。

おむすびさんは控えめな性格ですが、じつはとても甘えん坊。娘とエースの合間を縫って、甘えられる機会を伺っています。そんなおむすびさんのために、わが家はずっと「先住猫ファースト」。猫たちの過ごす部屋に入ったら、エースには

「やっぱりわたしが一番でしょう」

ひと声かけますが、まずはおむすびさんのところに行って思う存分なでたり話しかけます。（その間、エースは気を引きたくて、声を出したり、私の服をちょいちょいしてきます笑）

ごはんやおやつも、まずはおむすびさんから。エースが来た当初は落ち込んでいたおむすびさんも、徹底したおむすびファーストを続けることで、自尊心を取り戻したようです。

娘が大きくなれば、きっと猫たちに愛情を持って接してくれることでしょう。おむすびさんもエースも長生きして、うれしい時間をたくさん共有できたらいいなと願っています。

甘えん坊のエースも
おにいちゃんになりました

初めてともに暮らした猫、ムスビさんのこと

私が猫にどっぷりとハマったきっかけは、
人生で初めて一緒に暮らした猫「ムスビ」の存在でした。
ここでは、今は亡きムスビとの思い出をご紹介します。

引っ越しを機にペットとの暮らしを検討

夫の仕事の都合で東京から茨城に移住することになり、それを機に私は一旦専業主婦となりました。今から10年ほど前のことです。引っ越しが決まってから、「知り合いもいない土地で寂しいし、ペットを飼いたいな」と思うようになりました。

最初は、トビハゼ(魚)やインコを考えていたのですが、本屋さんのペットコーナーに行ったところ、猫の本が一番多く陳列されていました。それらをパラパラめくっているうちに、「そういえば猫は飼ったことないな…」と、猫と暮らしてみたいと思ってきたのです。

最初は“猫＝ペットショップやブリーダーから買うもの”と思っていたので、いろんなショップのホームページを見ては「このラグドール、

お気に入りの窓辺で日光浴

今、妊娠中だから予約入れようかな」などと考えていました。

そんなある日、移住前に東京で勤めていた会社の先輩との会話で、考えがガラリと変わります。その先輩は大の犬好きで、「いつか家を買ったら大きな犬を飼うんだー」といつも話していました。そこでその先輩に、「なんの種類の犬を飼うんですか?」と聞いたところ、
「うち、犬を飼うなら保護犬って決めてるねん!」(大阪弁)
と言われたのです。

そうだ、保護猫をお迎えしよう!

それまでは、犬も猫も種類(ラブラドールとか、マンチカンとか)で選ぶものだと思っていたわたしは、保護犬?なんで?とすぐには理解できませんでした。その先輩から保護団体の話や、ネットで里親募集サイトがあることを聞くうちに、はじめて自分の中に「保護猫をもらう」という選択肢ができたことを覚えています。

当時、ニュースや芸能人のブログなどで犬や猫の殺処分について聞いたことがありましたが、いざペットを検討したときに、動物愛護センターや保護施設のことは思い浮かびませんでした。でも身近な人のひと言が、実際の行動を変えるきっかけになる。そう実感した出来事でした。

その後、ペットショップのホームページのかわりに、里親サイトを毎日見るようになりました。そこで猫の「ムスビ」を見つけます。運命を感じました。

ムスビの里親募集写真。一目惚れでした

ムスビは、元の飼い主によって2歳のときに動物愛護センターに持ち込まれた、メスの猫でした。個人のボランティアの方が引き出したときの体重は成猫にもかかわらず、わずか1.2kg。大腿部の骨が折れてずれてしまっていて、左右の足の長さが見ただけで随分と違うことがわかるほどだったそうです。体力を回復させてから手術をし、約2ヶ月の入院生活を経て、里親を募集されていました。

里親サイトには連日、たくさんの猫さんが新規登録されます。その情報の中で、まっすぐにこちらを見ているムスビの写真が忘れられなくて、自然と「あの子、もう里親さん見

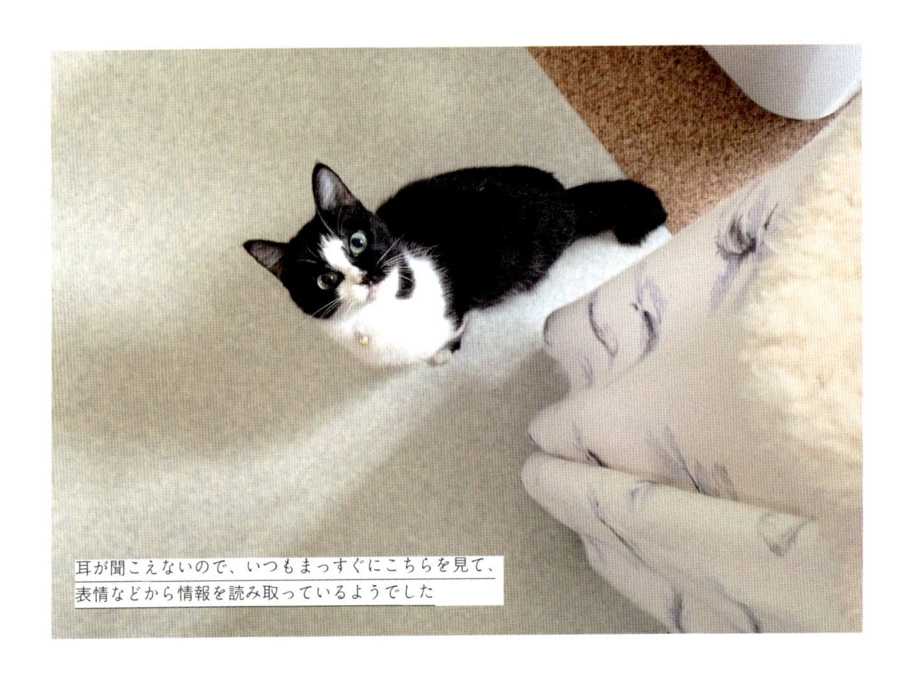

耳が聞こえないので、いつもまっすぐにこちらを見て、表情などから情報を読み取っているようでした

つかったのかな」と毎日チェックするように。そのうち、最初にお迎えするならこの子しかいない、と思うようになったのです。

運命を感じた猫・ムスビとの日々

ムスビについては「耳が聞こえない、おそらく小脳疾患もあって、もしかしたら多少短い猫生となるかもしれない」と書いてあったのですが、日常生活は普通に送れるとのこと。それなら猫初心者の私でもきっと大丈夫だろうと思いました。

じつは一度、別の希望者の家でトライアルをしたのですが、先住猫さんが体調をくずしてしまい、再び預かりボランティアさんのおうちに戻ってきた過去がありました。そのため、ボランティアの方も譲渡に慎重になっておられて、まずは譲渡会でお見合いをさせてもらい、その後トライアルを経て正式にうちの子になりました。

猫との初めての暮らしは、驚きの連続でした。まず、ムスビはわが家にやってきた初日から、鳴きながら私が寝ている布団に入ってきて、そのまま同じ枕に顔を乗せて寝始めたのです。猫は警戒心が強い生き物だと思っていたのでびっくり！

お膝が大好きで、隙あらばよじ登ろうとしてくるし、家じゅうどこに行くにも私のあとをついてきてくれました。よく鳴いて、たくさん話しかけてくれました。猫はあまりべったりしてこないものと想像していたので、これにもびっくり。あとになって、ムスビは猫の中でも

かなり甘えん坊な性格なのだと知りました。

そんなムスビは、2017年7月29日、腎不全のため虹の橋へ旅立ちました。一緒に暮らしたのは2年4ヶ月ほどでしたが、たくさん甘えてたくさん遊んで、幸せな時間を私たちにプレゼントしてくれました。

ブログ「musubiyori」はサポートしてくれた方へのお便り

ムスビのトライアル期間中に、ムスビを動物愛護センターから引き出してくださった方や、預かって里親を探してくださった方に元気な様子を見てもらいたいとブログを作りました。動画も見てもらおうとYouTubeのアカウントも開設し、それが今も続いている『musubiyori（むすびより）』の始まりです。

その後、おむすびさん、エースを迎え、今ではふたりと一緒に過ごしている時間の方が、ムスビと過ごした時間よりも長くなりました。それでも、人生で初めてともに暮らした猫・ムスビの存在は大きくて特別です。また会いたいな、と写真をながめるたびに思います。

どこかで生まれ変わって、元気で幸せに暮らしていたらそれも最高だな。

手作りの首輪をつけて。呼んでも聞こえないムスビがどこにいるかわかるように鈴をつけました

スリッパが大好き！体重は約2kgのとっても小さな猫でした

夫のおなかの上でくつろぐ

chapter.

3

エースのごきげん日和

ごはんを運ぶむすママの先導係をしたり、おもちゃを追いかけて
ダッシュしたり。うしろ足はないけれど、エースはとっても楽しそう。
そんなエースの姿からこちらが元気をもらう毎日です。

HAPPY DAYS

お気に入りの米袋

最初は Amazon の袋に入っていました

宅配のダンボールはひとまず猫に献上するのが猫飼いあるあるですよね。ある日、Amazonの荷物がダンボールではなく大きな紙袋で届いたので、試しにその袋を与えたところ、とっても気に入ったエース。
その様子をSNS動画で投稿したところ、「宅配の袋は汚れているので、ホームセンターで売っている米袋がおすすめ！」とコメントで教えていただきました。米袋を買ってあげると、大のお気に入りに！
穴が空いて破れるほど使い込んでいるエース君です。そろそろ新しい米袋を買ってあげなくては…。

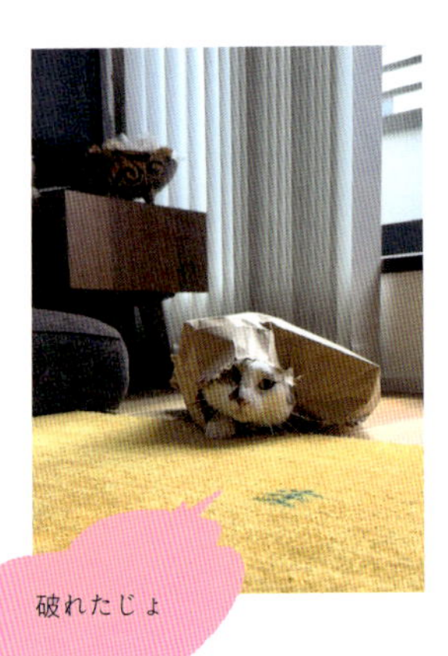
破れたじょ

米袋の上ですやすや

かじったり…

エースも
おいしそうに
食べています

おむちゃんどうぞ

さんまを焼いてみんなでいただきました！

HAPPY DAYS

うまうまデー

先代猫・ムスビの月命日である29日は、猫たちにちょっとおいしいものがふるまわれる「うまうまデー」。元々は、ムスビの大好物だったマグロのお刺身を、月命日にお供えしたことがきっかけでした。
この日は猫たちのために食材を買って、余った食材で人間もおいしいものを食べるお楽しみデーになっています。

わが家の猫たちは、どちらかというとお肉よりお魚派なようです。
やっぱり一番人気はお刺身♪
クチャクチャと満足そうに食べる音を聞いていると、なんとも言えない幸せな気持ちになります。
SNSのコメントでは「人間のクチャラーは許せないけど、エース君とおむちゃんなら大歓迎」と言っていただいています。

両手ではさんだり

抱っこしたり

米袋にしまったり

放り投げたり

HAPPY DAYS

エースのいち押し！ ネズミのおもちゃ

たくさんあるおもちゃの中で、エースがずっと飽きずに遊んでいるのがふわふわのネズミのおもちゃ。
かわいいネズミのお顔に、ふわふわのリングが２つ連結したような体がついていて、ひもでできたしっぽもついています。

適度な軽さと特徴的な形状がよいのかも？　まるで本当にネズミが生きているかのように、狙いを定めて飛びついたり、ぴょんっと飛ばして追いかけたり…。ひとり遊びでとってもじょうずに操っています。
ネズミをうまく捕まえると、チラチラこちらを見て「じょうずでしょ?」「見てる?」とアピールしてくるのがなんともかわいいのです。

ちなみにこのおもちゃ、またたびの匂いつき。新品を与えると、エースはよだれでべちょべちょにしてしまいます…。またたびの匂いはすぐ薄れてしまうようですが、その後も長く遊び続けてくれるので、非常にコスパがよいおもちゃだな～と思います。

HAPPY DAYS

えびフライとエース

エースのもうひとつのお気に入り、えびフライのおもちゃ。
わが家では通称「えびっこ」と呼んで親しんでいます。もう何代、えびっこをお迎えしたことでしょうか。
このおもちゃは柄つきなので、一緒に遊ぶのにピッタリ！　ゴムの先にえびがついているので、捕まえたときにビョーンと伸びるのが楽しいです。
エースはいつも遊んでいるうちにそのゴムをかんで切ってしまうのですが、その後もえびフライ単体をひとりで転がしてよく遊びます。
エースのおむつカバーにはえびのしっぽがついているものがあるので、服によってはえびフライがえびフライで遊んでいるようで、とてもほほえましいのでした。

ほかにも、少し大きなえびフライのけりぐるみもお気に入りです。エースはうしろ足でのケリケリ遊びはできないのですが、前足でけっとばしたり、いそいそとくわえて運んで遊んでいます。

えび天おむすび

これが
えびっこです

手をパーに
開いて
つかまえようと
するエース

HAPPY DAYS

世界じゅうで話題!? ボルダリング・エース

うしろ足のないエースですが、その分、上半身は筋肉ムキムキでとってもパワフル！
爪がひっかかるところがあれば、壁に取りつけたキャットステップも軽々と登っていきます。
その姿は、まるでボルダリング選手のよう。

最初は落ちないかと心配していましたが、

Instagramで1500万回再生されたエースの雄姿

①取れるかな

①おもちゃが気になるじょ

②まずはこうして

そこはやはり猫。落ちる瞬間に体をくるっと反転させて、必ず前足とおしりで着地しています。
ただ、おしりは感覚がない分、打ち身などが心配なので、落ちそうな場所にはクッションやじゅうたんを敷いて予防しています。

高いところにあるおもちゃを取りたくて、なかなか取れなくて落ちてしまっても、何度も諦めずに取りにいこうと挑戦します。
取れたおもちゃで誇らしそうに遊ぶエース。そのストイックな姿には感心するばかりです。

高いところのおもちゃを取るために特訓に励むエースの様子をまとめた動画は、Instagramで1500万回以上も再生され、世界じゅうの方にエースを知っていただくきっかけとなりました。

②よいしょ

③取れたじょ

③あとちょっとだじょ

HAPPY DAYS

浮いてる!? 走るエースにびっくり

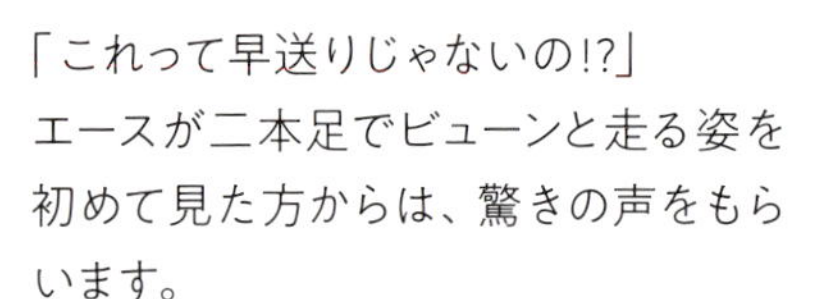

「これって早送りじゃないの!?」
エースが二本足でビューンと走る姿を初めて見た方からは、驚きの声をもらいます。

通常の猫さんが4本の足で力を伝達して走るところを前足だけでやっているので、前足の回転がほかの猫さんより多いのです。そのため、早送りのように見えるのではないでしょうか。

スピードが乗ってくると前足のタタンッというリズムが下半身に伝わって、おしりがぴょんぴょんとバウンドします。速さも相まって、まるで一瞬、浮かんでいるよう！

二本足で走るのは大変じゃないの？と思ってしまいますが、そんなことは杞憂なようです。
おもちゃを追いかけたり、ひとりで急に走りだしたり、おむすびさんを追いかけたり（笑）。
今日もエースはおしりをぴょんぴょん浮かせながら、部屋じゅうを走り回っています。

ごはんが待ち遠しくて廊下をダッシュ

浮いてます！

おもちゃを追いかけていくエース

ごはんを先導するエース

おむすびさんも
エースもお待ちかねの
ごはんタイム

HAPPY DAYS

ごはんの準備にルンルン♪なエース

猫たちのお楽しみ、朝晩のごはんタイム。わが家はだいたい朝の7時と夜の7時の2回を、きちんとしたごはんタイムとしています。（おむすびさんは一度にたくさん食べられないので、合間にもちょこちょこと与えています）

寝ていることが多いおむすびさんも、このときばかりはサッと布団から起きてきて、ごはんの場所でスタンバイ！
エースは私や夫が部屋中の水入れやお皿を集めていると、足元をそわそわとうろついて、鳴いて催促してきます。

わが家は猫たちが過ごす部屋の外、廊下の先にごはんを準備するためのミニキッチンがあります。
部屋の扉が開くと、エースは一番乗りで廊下に飛び出します。
その後、お皿を運ぶ人間の後ろをついていき、お皿を洗ってごはんを盛る間、廊下を何往復も歩き回ります。

ごはんの準備ができると、お皿を運ぶ人間を先導し、部屋へ一目散！　その足取りが、待っている間のものとは明らかに違ってルンルンしているのがなんともかわいいのです。

ごはんの準備が
できるまでは廊下をウロウロ

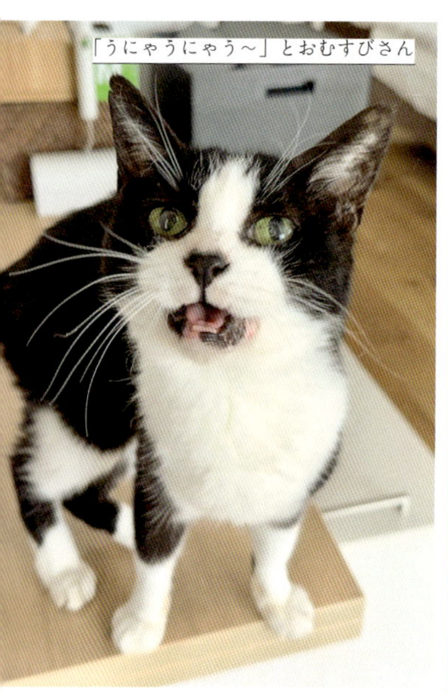
「うにゃうにゃう～」とおむすびさん

おはようだじょ

HAPPY DAYS

おしゃべりな猫たち

わが家の猫たちはみんなよくしゃべります。猫と暮らしたことがない方は、「猫はしゃべるじゃなくて鳴くでしょ?」と思われるかもしれませんが、鳴くという表現では収まらないような感情表現を声から感じるのです。

猫さんによって声の出し方はさまざまです。初代の猫・ムスビは、耳が聞こえなかったこともあり、声がいつも大きめ。「うわーーーん!!!」と強めの自己主張で、甘えたり不満を訴えたりしていました。

おむすびさんは短めの声で「アンッ」と鳴くことが多いですが、もっと何か主張したいときは、「うにゃうにゃうーーーるるる」という感じで長めにおしゃべりしてくれます。小声が多いのも、秘密のおしゃべりみたいでまたかわいいポイントです。

そしてエースは一番おしゃべり上手。いろんな声色や声の調子を使って、まるで本当に人間の言葉を使っているようなコミュニケーションを取ってきます。

えびっこ集めたじょ

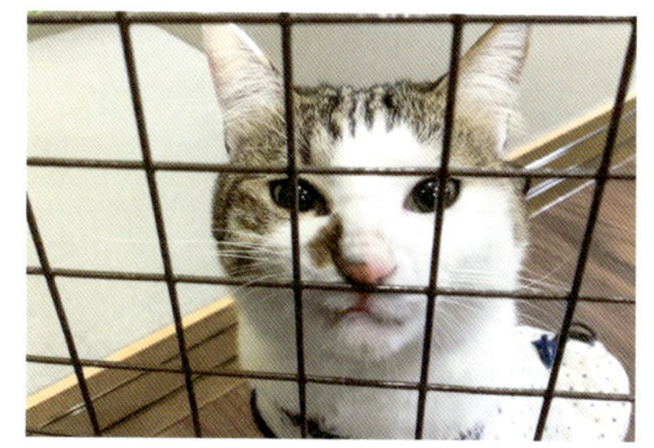
「そっちいかせろー」キッチンに入れなくて
不満げな表情のエース

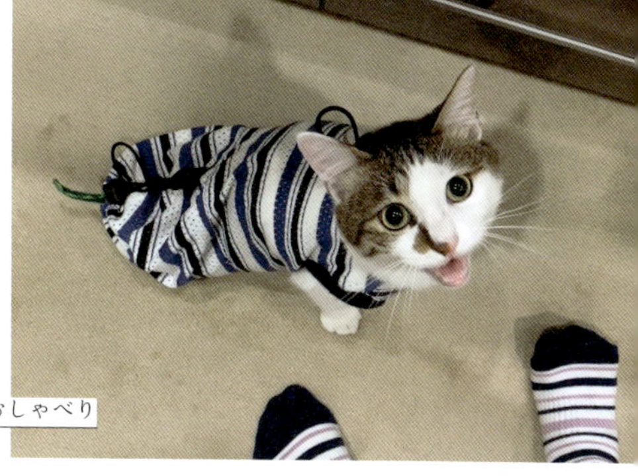
むすママの足元でおしゃべり

空耳かもしれませんが、「おはよう」は毎朝言っていますし、人の言葉をまねしてる？と感じることもしばしば。エースはちょっと賢い、いや天才かもしれないと、その度に親バカ心全開で褒めてしまいます。
きっと、そうやって褒められるのがうれしくてエースのおしゃべりはどんどん上達しているのでしょう。

「どうしたらたくさんしゃべる猫になりますか？」と質問をいただくことがありますが、思い当たるのは、人と同じ感覚でよく話しかけていること。同じ言葉はしゃべれなくても、こちらがしゃべっていることはかなり理解しているというつもりで、普通に話しかけています。夫も同じ様子です。

そして彼らは、声だけでなくいろんな表情や仕草でそれに応えていると感じているので、私たちの間では立派に会話が成立しているのです。

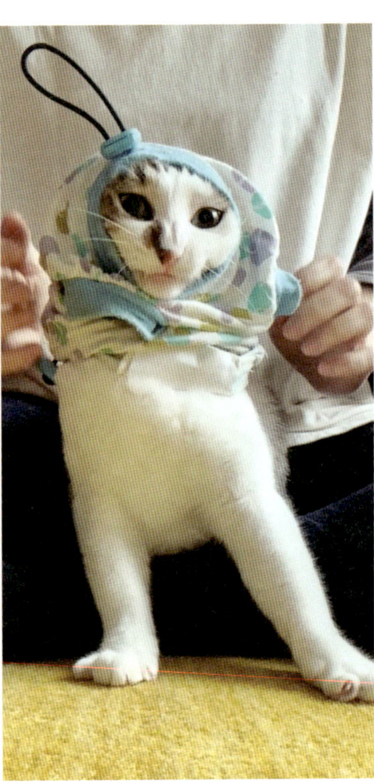

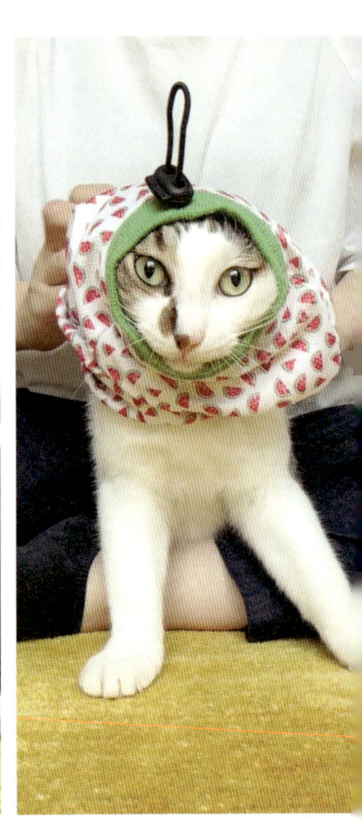

HAPPY DAYS

「ちょんまげエース」コレクション

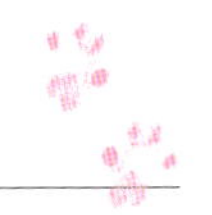

毎朝、エースの圧迫排尿の際に服を脱がせ、その後、服を着せるのですが、その度にどうしてもやってしまうことがあります。

それがこの「ちょんまげエース」です。

元々は、エースが服を着ることにすっかり慣れてきた頃、腕を自分で通すようになったので、頭も通すかも?と試したことがきっかけでした。頭を通す穴をエースの頭にちょっとひっかけたところ、スポッとエースが頭を出した

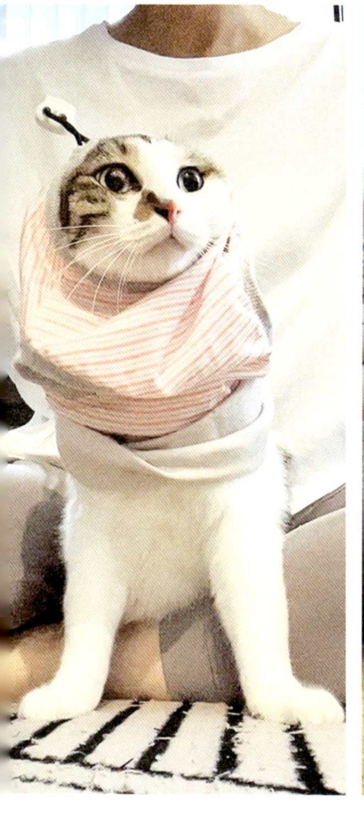

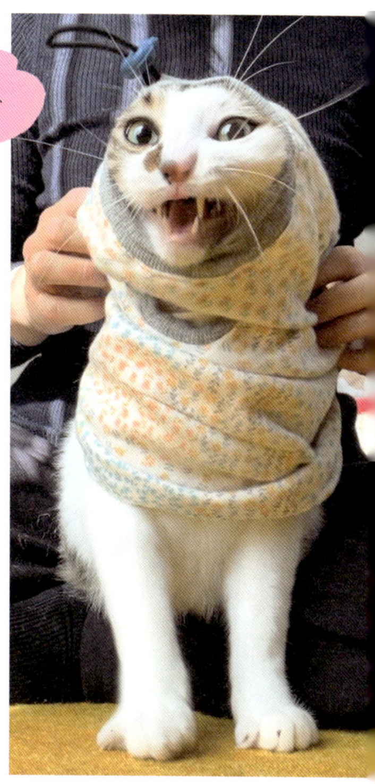

のですが、完全に通りきらず、いつもここで止まってしまうんです。
その姿がとってもかわいくて、毎日やっているうちに、今ではすっかりお決まりの儀式みたいになってしまいました。

殿みたいとか、テレタビーズみたい、とSNSでも好評なちょんまげエースです。

ちなみにエースのお洋服は、人間のパジャマのような感覚で２日に一回ほどのペースで洗濯しています。（パジャマの洗濯頻度ってどのくらいが適正なのかわかりませんが、わが家ではそうなんです…）

猫は鼻と肉球以外の体からは汗をかかないことと、あんまり洗濯しすぎて大事なお洋服が劣化してしまうのは嫌だなと考えて、現在はこの頻度に落ち着いています。

HAPPY DAYS

エースのお洋服コレクション

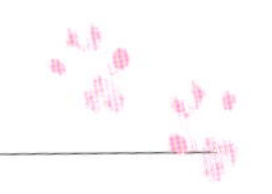

エースのトレードマークでもあるお洋服。これらはすべて、保護猫カフェねこかつさんにいたときから、ハンドメイド作家のmineigeさんが作ってくださっています。エースはいまだにお腹をかんで自傷してしまうため、エースの身体を守る生活必需品です。

身体にフィットして、でも締めつけなく快適に過ごせる特殊なデザイン。この形になるまで、mineigeさんは試行錯誤を重ねてくださいました。

猫さんは、肩がないぐらい究極のなで肩です。さらにエースは足がなく腹部を引きずって歩くので、普通の洋服ではどんどん下にずれて、スポっと脱げてしまいます。
実際、最初の頃は着せ方もゆるめにしていたので、オムツもろとも洋服が脱げて、エースの抜け殻が床に落ちていたことがありました。
幸い発見が早く、自傷には至らずほっとしたものです。

猫さんのための術後服なども市販されていますが、排泄のためにおしり部分が空いているものが多く、そのままで

BEFORE → AFTER

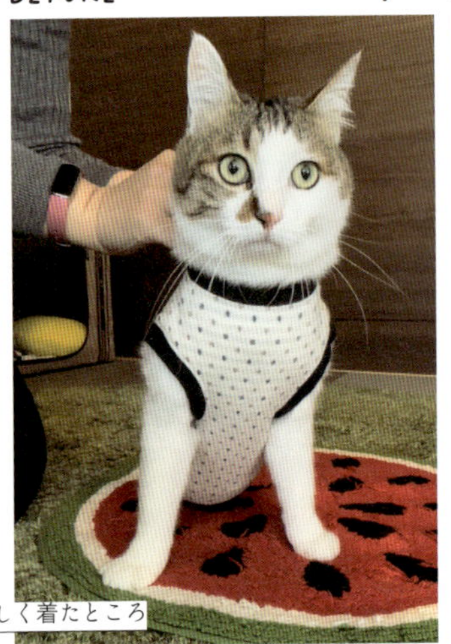
正しく着たところ

まちがいさがし
(毛づくろいしようとして
こうなってしまったみたい)

おそろいで作って
くださった
カットソーは宝物です

は毛づくろいしようとしたエースの口がお腹に届いてしまう可能性があります。それらの心配がないように、mineigeさんのお洋服はとてもよく考えられています。
首をゴムできゅっと絞ってずり落ちないように、でも痛くならないようにリブで工夫してくださっていたり、腕が抜けないように腕の部分にはゴムを入れていただいたり。
お腹のところはリブでフィット感をだしてみたり、上下同じ布でゆったりシルエットにしたり。
おしりの部分は、最初はマジックテープで止めるタイプでしたが、今はゴムで絞るタイプになっています。

保護されたとき、おそらく1歳前後だったエース。まだ体が大きくなることを見越して、成長に合わせて大きさを調整できる工夫もしてくださいました。着丈を調整できるよう長めに作ってくださったり、腕のゴムはきつくなったら抜けるように穴を開けておいてくださったり。お腹がすべりやすいように、ツルツルのパーツを試作で送ってくださったことも。
細部まで愛情が詰まっていて、こんなに素敵なお洋服を着られるエースはなんて幸せなんだろうとうれしくなります。

毎日のお世話が楽しくなり、エースとの暮らしがいっそう彩り豊かになる、そんな宝物のお洋服たちです。

ママと
リンクコーデだじょ

ACE FASHION COLLECTION *Winter*

季節に合わせて、たくさんのお洋服を
持っているエース。
ここでそのコレクションをご紹介します！

ファンシーな小花柄に、
NASA ワッペンをあしらって

白地に小さなドット。
着るとあざらしっぽくなります

深みのある鮮やかなグリーン
にピーコック柄がおしゃれ

左の色違い。破れた部分には
フェラーリのエンブレムを

グレー生地と英字生地の
コンビがボーイッシュ！

ネイビーの花柄にチュッパ
チャプスのワッペンを ON

スウェットのようなカジュア
ルさがエースにぴったり

グレー地にパッと咲く黄色の
お花。「おしゃれだじょ」

沖縄出身のエースも、これを
着ると冬の森の雪の妖精!?

淡い花プリントが上品。
パーツの水色がアクセント

水色の生地にはリボンがいっ
ぱい。SWEET & COOL !

鮮やかな赤と紺の組み合わせ
は、着るだけで存在感大

くまさん柄がラブリー！えび
しっぽと合わせてえびフライ？

破れた部分にスパムワッペン。
背中部分は星柄の生地です

ゴムがどこかに
ひっかからないように
工夫していただきました

ACE FASHION COLLECTION Summer

お洋服はすべてmineigeさん作。
エースのかわいさを
いっそう引き立ててくれます。

淡いピンクのボーダーと
ベージュがさわやか

スイカ柄に緑色がアクセント！ 夏にぴったりです

湖にスワンボートにのった猫さんが！ 個性的な柄も似合うエース

長年愛用しているお気に入りは、バットマンで補修

ボタニカル柄が涼しげ。
メッシュ生地は着心地も◎

黄色とグレーのボーダー。
丈夫な生地で破れにくい

青のドット柄でボーイッシュに。「かっこいいじょ」

HAPPY DAYS

鳥にむかって「クラッキング」

エースをお迎えしてすぐのことです。羽のついた猫じゃらしで遊ぼうとしたところ、それを見たエースが「ケケケッ！　ケケケッ！」と変な声で鳴き始めました。先住猫のおむすびさんや先代ムスビは、そんな鳴き方をしたことがなかったのでビックリ！　どうやらおもちゃに興奮しているようです。

調べてみたところ、これは猫の「クラッキング」という行動で、獲物がいて興奮しているときに発する声とのことでした。

その猫じゃらしはよくできていて、まるで本物の鳥が飛んでいるような動きをするので、エースの狩猟本能をかき立てたようです。

エースはおもちゃ以外にも、窓の外の鳥にもクラッキングをします。
いつもお昼寝している場所から隣の家の屋根が見えるのですが、そこのアンテナの上にはよく、カラスやハトなどが留まります。

そうすると、エースがすかさず「ケケケッ！」と声を上げます。
私が「お友だち来たね～」というと、「ケケケッ！　ケケケッ！」とより一層激しくクラッキングするのがなんともおかしくて、いつも隣の屋根に鳥が来るのを楽しみにしています。

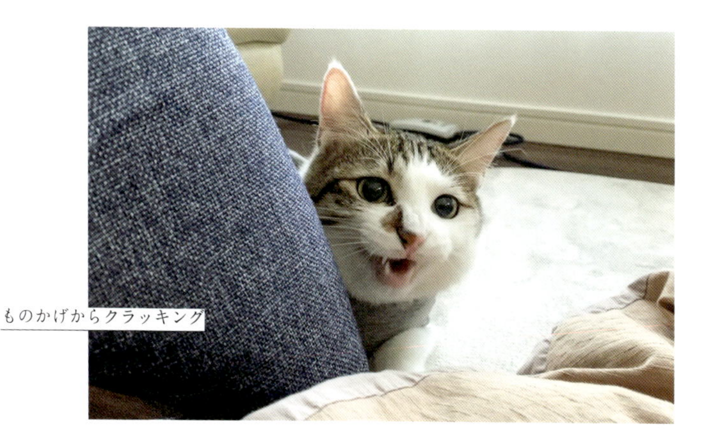

ものかげからクラッキング

HAPPY DAYS

ワッペンでお洋服をカスタマイズ

BEFORE

胸のところに穴が…

AFTER

スーパーマンのワッペンがぴったりでした！

エース自慢のオーダーメイド服を長く着てもらうためには、日々の劣化をいかに防ぐかが大事です。
でもまるで小学生男子のように活発なエース、服を汚したり穴を開けたりすることもしばしば。

毎日部屋じゅうを走り回っていると、どうしてもお腹の部分が薄くなってしまいます。
また、服の上から毛づくろいしようとするので、口が届く肩まわりも穴が空いてしまうことが多いのです。
さらに、お腹を引きずっているということは猫型モップの役割もこなしているわけで…、床が汚れているとお腹もどんどん汚れていってしまいます。

汚れに関しては、一番汚れやすい廊下は、掃除機をかけてからでないとエースを出してはならないというルールができました。

また、お洋服については、お腹や肩の部分は、当て布やワッペンで補修をしています。

最初はカットして使うタイプのアイロン

スパムミートのワッペン

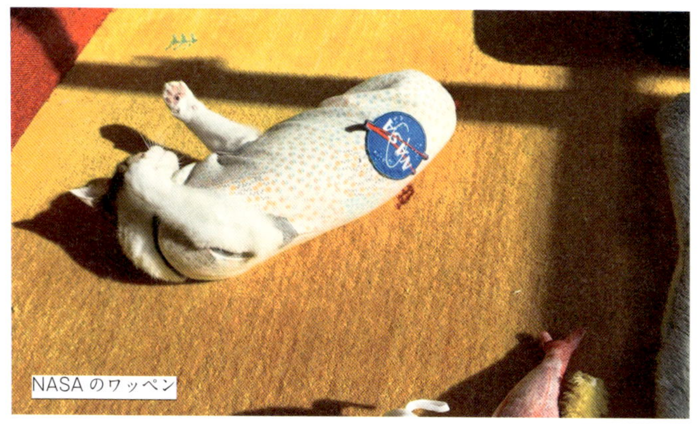

NASAのワッペン

ワッペンで補修していたのですが、ある日、たまたま入った雑貨屋さんでかわいいレトロなワッペンを発見。これは強度もありそうだし、エースの服の補修にぴったりかも！　さっそく買ってつけてみたところ、お洋服がまた違った表情になって楽しい！　そこから、かわいいワッペンを見つけてはコレクションする楽しみができました。

胸元に穴が空いてしまったお洋服には、スーパーマンのワッペンがジャストフィット。
もともとの生地の服の青色とも相まって、「スーパーニャン」に変身できる特製スーツになりました。

今度はこれをつけようと思っています

こんなに
大きなえびの
しっぽも
作りました！
（イベント用で
普段はつけて
いません）

えびさんに
なったじょ

お洋服と色を合わせて

こんなふうにオムツカバーを装着します

HAPPY DAYS

エースのしっぽ

エースにはもともと長くて立派なしっぽがありました。
でも、うしろ足2本の断脚手術後、下半身不随で感覚がないせいか、自分のしっぽとたわむれているうちにその一部をかみ切ってしまったのです。そのため根元から切断することになり、今、エースのしっぽはうさぎのような短い形になっています。

それはそれでとってもかわいいのですが、洋服を着てオムツをつけると、エースのしっぽは隠れてしまって見えません。そこで、かわりと言っては何ですが、オムツカバーに手作りのしっぽをつけています。

じつはこれは、ねこかつさんでボランティアの方が作ってくださったことが始まりです。
ふわふわの靴下を改造して、恐竜やえび、マーメイドにイルカなど、いろんなしっぽをつけたオムツカバーを、エースがわが家に来るときに持たせてくれました。

オムツには通常、足を通すための穴が空いていますが、エースには足がないので、ウンチがでたときにその穴から漏れてしまいます。それを受け止めて、服が汚れるのを防いだり、オムツをずれにくくしたり、おしりを衝撃から守ったり。オムツカバーにはいろいろな役割があるのですが、おしゃれも楽しめる素敵アイテムになりました。

もっとこんなしっぽが見たい！とリクエストをいただくことも多く、私も手芸の腕を磨かなくては…と思っています。

しっぽつきオムツカバーのコレクション

エースのお里・保護猫カフェ「ねこかつ」の活動

保護猫を応援したい方に、ぜひ知っていただきたい活動があります。
それが保護猫カフェです。エースのお里の保護猫カフェをご紹介します。

保護猫カフェで愛情をいっぱいもらったエース

保護猫カフェに行ったことはありますか？

じつは初代猫・ムスビをお迎えする前に、「猫アレルギーがひどくてそもそも猫と一緒に暮らせなかったらどうしよう」と心配になり、夫と一緒に「猫カフェ」に行ってみたことがありました。今から約10年前のことです。

そのときに行ったのは「保護猫カフェ」ではなく「猫カフェ」でした。当時はまだ動物のいるカフェが珍しく、吉祥寺にあったその猫カフェは大人気。かなり待ってやっと入店できたことを覚えています。

保護猫カフェと猫カフェは、似ているようで違います。

「猫カフェ」とは？

猫と遊んだり触れ合ったりすることをサービスとして提供する、営利目的の施設です。そこにいる猫は純血種が多く、ほとんどは里親募集の対象ではありません。

ペットショップやブリーダーが経営して猫の販売をおこなっている場合もあります。

広々とした「ねこかつ」さん

「保護猫カフェ」とは？

「ねこかつ」さんのように、保護された猫たちのシェルターや里親募集を目的として運営されている施設です。そこにいる猫は純血種の場合もありますが、多くは雑種で、みんな里親を募集しています。

保護猫カフェは個人の保護猫活動家さんや動物愛護団体によって運営されています。多くは時間制で料金が決まっていて、その時間内で、自由に猫たちと触れ合うことができます。

里親希望じゃないと行っちゃダメなのかな？と思われるかもしれませんが、そんなことはありません。猫さんと触れ合うことで、人慣れしていない子の家猫修行にもなりますし、利用料は保護猫活動に使われます。常連になって、たくさんの保護猫たちが幸せになる未来を見守るという楽しみ方をしている保護猫カフェ玄人さんもいます。ぜひ、気軽に足を運んでみてくださいね※。

※予約制になっている保護猫カフェもありますので、ホームページやSNSを見てから訪問されることをおすすめします。

保護猫カフェ「ねこかつ」

cafe-nekokatsu.com

埼玉県内で保護猫カフェを2店舗運営するほか、定期的に譲渡会などのイベントも開催。保護猫について学べる場所にもなっています。

chapter.

4

猫が運んでくれる、たくさんの幸せ

猫と暮らすようになってから、毎日が幸せです。だからこそ、
ほかの猫さんや保護活動をされている方を応援したいと思うようになりました。
猫も人も幸せになる素晴らしい世界になりますように。

HAPPY DAYS WITH CATS

遊んでアピールがうまいエース

エースがわが家にやってきたのは、1歳頃のこと。当時と5年経った今を比べると、体も大きくなり、顔つきも大人っぽくなったなと感じます。

そんなエースですが、まだまだ遊びたい盛り！ おもちゃで遊ぶのが大好きです。猫と一緒に暮らすまでは、「一緒に遊ぶこと」が大事なことだとは知りませんでした。

猫にとって遊びは、擬似的な狩りであり、狩猟本能を満たす大切なこと。
動くものを追いかけたり、仕留めてかんだりすることは、本能を満たしてストレス発散になるのだそう。また、室内で暮らす飼い猫にとっては、運動不足の解消にもなります。

エースはひとり遊びもじょうずで、転がっているおもちゃをまるで本当に生きているかのように操りながら遊びます。遠くに投げて、自分で追いかけてみたり、間合いをとって飛びかかったり…。
それでも、やっぱり人におもちゃを操ってもらう遊びは格別なようです。私が仕事をしていると、たびたび「遊んでアピール」が始まります。

定番は「ヒット＆アウェイ」アピール。
机に向かって座っている私の足元にきて、ちょんちょんっと前足で膝下あたりをたたきます。
抱っこして欲しいのかな？と両手で迎えにいくと、そのままクルッと方向転換して、サーっと逃げていきます。逃げた先で「あそんでよ～」とひと鳴き。
これを、遊んでもらえるまで繰り返します。

そんなときは、ちょっとだけ一緒に遊ぶとエースの気がすむので、忙しくてもなるべく1回は猫じゃらしで遊ぶようにしています。デスクワークの合間のストレッチのような感覚です。会議中などでどうしても要望に応えられないときは、エースも諦めて、そのまま膝によじ登ってきて抱っこで甘えることもあります。

ちなみにエースは、遊んで＆かまってアピールの最上級「エースの舞」という秘技を持っています。

これは、お留守番が長かったときなどあまり一緒にいられなかった日にだけ見られるスペシャルなもの。
久しぶりにエースに対面したタイミングで、まるでブレイクダンスのように「くる

ねーねー

おもちゃもってきたじょ

たいへん！
おもちゃが
はいっちゃったじょ

「ちょっとだけよ」

くるくる！！」とその場で高速回転するのです。前足の力で弾みながら、ものすごいスピードで、多いと3～4回転も！

このエースの舞をぜひ動画に収めて皆さんに見ていただきたいのですが、不意打ちのタイミングでなかなか撮影することができません。いつか最高の舞をみなさんに共有したいなぁと思っています。

いっぽう、おむすびさんはというと、本物そっくりなネズミのおもちゃが大好き！　ひとり遊びしたり、ネズミがついた猫じゃらしを興奮して追いかけたりしていました。
ただ、控えめな性格ということもあってか、こちらが誘わない限りは自分から遊んでアピールすることは滅多にありません。

最近は年齢を感じることもあり、遊びに誘っても乗ってくれないことが増えてきました。
そんなおむすびさんが一緒に遊んでくれたときは喜びもひとしおですし、まだまだ若いね～とほっとする瞬間でもあります。

HAPPY DAYS WITH CATS

またたびと猫たち

猫がまたたびを好きなことは有名ですよね。
猫と暮らして驚いたのは、またたび入りの商品が、とてもたくさんあること。おもちゃはもちろん、爪研ぎやおやつまで！
またたびそのものも売っていて、枝のままのものや、粉末状のもの、スプレータイプもあります。

そんなまたたびですが、エースもおむすびさんも大好物！

またたびには副作用はあまりないようですが、過剰摂取もよくないようなので、年に数回の特別なお楽しみにしています。
それぞれの嗜み方にも個性が表れます。

おむすびさんは、じっくり楽しむタイプ。
またたび入りのおもちゃを与えると、ご満悦であごをスリスリ、スリスリ…を繰り返します。時間をかけて、静かに楽しんでいるご様子…。
しばらくしてからそのおもちゃを持ち上

年に数回のまたたびフェス

げてビックリ！　おむすびさんのよだれでベチャベチャ、ずっしり重くなっていました。

エースはわかりやすく大興奮！　おもちゃなら両手で抱えて顔全体でスリスリッ！　スリスリッ！
顔を何度もこすりつけて、そのままくわえて移動して、ゴロンッと転がってまたスリスリッ！　スリスリッ！　床にしたたるほどのよだれの大洪水です。

ふたりの共通点は、とにかくよだれがすごいということです。おそるべし、またたび…。

どうやら、またたびの成分が猫にとってフェロモンのような役割を果たし、興奮状態を引き起こしたり、ストレスを解消したりする効果があるとのこと。

またたびに似たもので、キャットニップという植物があります。西洋またたびと呼ばれる、シソ科イヌハッカ属のハーブです。猫草がわりに何度か買って育てたこともありますが、わが家の猫たちはこちらにはあまり興味がないようでした。

そのほか、キウイフルーツはマタタビ科の植物で、キウイの木の枝や根にはマタタビラクトンという成分が含まれていて、猫に与えると興奮するとのこと。
そういえば実家の裏庭にキウイフルーツの木があることを思い出したので、エースやおむすびさんのためにひと枝送ってもらおうかな。

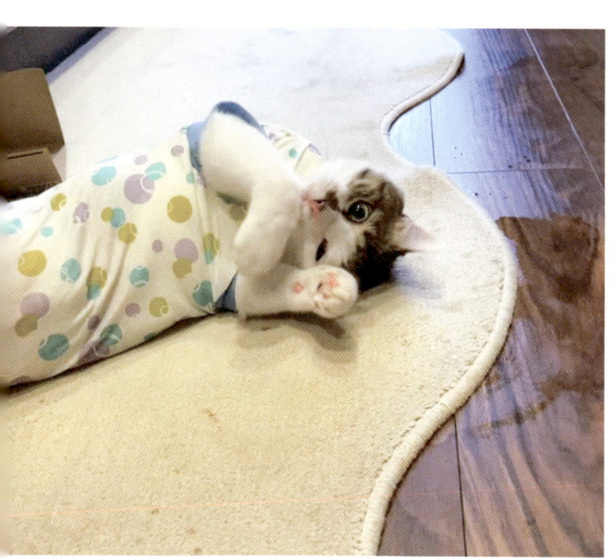

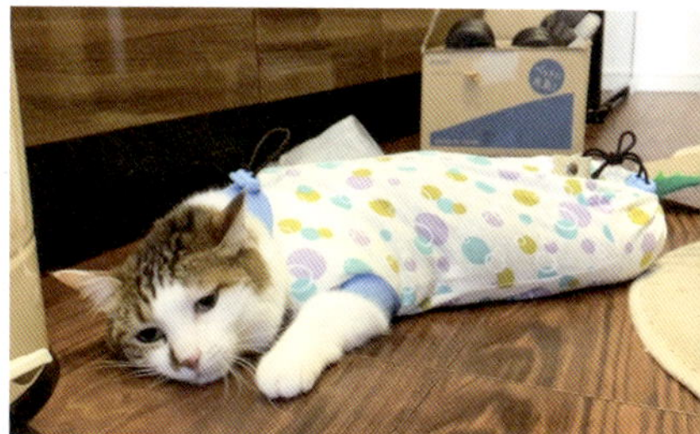

猫の肉球の手触りと魅惑のかほり

エースの肉球は
ピュアなピンク色。
ホクロあり

おむすびさんの肉球は
つやつやの黒豆風

猫の肉球はどんな触感だと思いますか？

大学進学で上京するまで、実家でずっと中型犬と暮らしていたため、肉球と言えば硬くてゴワゴワしているイメージがありました。わんちゃんはお散歩で外を歩くので、肉球が硬くなるのですよね。

ところが、初代猫・ムスビと暮らし始めて、衝撃を受けました。
猫の肉球って、こんなに柔らかくてプニプニなの？？？と。

初めて肉球を触ったときに頭に浮かんだのは、ハリボーのグミキャンディ「ゴールドベア」でした。
ちょっと硬さも感じられるけれど、カチカチではなくて弾力があって、ツルツル。スベスベ。
もし猫と暮らしていなくて肉球を触ってみたかったら、ぜひこのベアグミで試してみてください。

その魅惑の触り心地は、知ってから10年経ってもいまだに飽きることがありません。
プニプニの肉球を触っていると、なんともいえない幸せな気持ちになります。

おむすびさんは触りすぎはNGですが、少しなら許してもらえます。
エースはまったく気にしません。「いつでも、いくらでもどうぞ！」という感じでお手々を差し出してくれます。

さらに、肉球が素晴らしいのは触り心地だけではありません。
鼻を近づけると…あら不思議！　焼き立てのロールパン、はたまたパンケーキの匂いがするのです。
ほのかに甘くて、バターを感じるよいかほり。
とくにエースはトイレに入ることがなく、足の裏が汚れないので、なんというか純度の高い匂いがします。

今日も思う存分、肉球を堪能させてもらっています。

エース

HAPPY DAYS WITH CATS

猫たちのごはん、おやつ事情

エースとおむすびさんのごはんは、基本的には朝晩2回。ドライフード(カリカリ)とウェットフードを両方与えています。
毎回朝晩、それぞれスケールで計って量を管理しています。

エースはドライがメイン。ドライの方が歯に挟まりにくく歯肉炎になりにくいと聞いたことから、まだ歯が健康なエースにはこちらがいいかなと思っているためです。

ごはんをルンルンで
先導するエース

おむすびさんはもう歯が抜け落ちてほとんど残っていないため、ウェットとドライを半々ぐらいで。一般的に、猫さんは歯がなくても、丸呑みでドライをじょうずに食べられるのですが、おむすびさんはドライを食べ過ぎると吐いてしまいます。そのため、ウェットと半々にして与えています。

本当はエースはドライだけでよいのですが、一緒に食べているおむすびさんのフードからウェットのいい匂いが漂うので、ちょっとだけウェットをトッピングしてあげるようになりました。

たまに動画でわが家の猫たちのごはんが映ることがあり、そのときに「エースはほとんどカリカリだけ？ かわいそう!」というコメントをいただくのですが、エースはカリカリも大好きなので満足しているようです。

好き嫌いが多い猫さんもいますが、わが家はふたりとも、フードの好き嫌いが少なくて助かっています。そのため、あえて2種類のドライを混ぜて与えたり、いろいろなフードを定期的にローテーションしたりしています。これは飽きるのを防ぐためと、銘柄などを選べない災害時に手に入るフードでもちゃんと食べられるようにするためです。

私が働く『犬猫生活』では、獣医師と共同開発した保存料、香料、着色料不使用のグレインフリー、ノンオイルコーティングのプレミアムキャットフードを販売しています。実際に工場に行って作られる過程を見てきたのですが、肉や魚をミンチにするところから、人の手を介して丁寧に作られていて感心しました。主原料には人間が食べられる食材を使っているので、安心です。作りたてを試食させてもらいましたが、おだしのようないい香りがします。

とはいえ、自社商品にこだわらず、いろいろと試すのがわが家のポリシー。かかりつけの獣医さんにもおすすめを聞いています。

おむすびさんの腎臓の数値が悪くなり始めたとき、腎臓病の療法食に切り替えようとしたことがありました。ただ、療法食はおいしくないのか、食事拒否が始まってしまったのです。
ドライやウェット、ミルクタイプなどあらゆる療法食を試しましたがどれもダメ。やせていくおむすびさんを見て、これはまずいと普通の食事に戻したところ、食欲も戻り、安心しました。
今は普通の高齢猫用のフードを与えています。幸い血液検査の数値も急激に悪くなっているわけではないので、おいしく食べられる喜びをなるべく長く味わってほしいなと思っています。

まずウェットのごはんを味わい、
そのあとカリカリを食す

「犬猫生活」の猫用ピューレ。
エースの大好きなおやつ

おむすびさんも
舌鼓を打っています

そしておやつですが、とくに決まったタイミングや回数はなく、気がついたときに与えています。
1回の量は、小さなフリーズドライのささみを2かけ程度。栄養補給というよりはコミュニケーションの手段と考えているため、量は多くありません。

ピューレタイプのおやつは、爪切りを頑張ったときなど特別な日に。それも基本は1本をふたりで分けて食べます。

エースもおむすびさんも、もちろんおやつは大好き！
むすママがおやつの袋を手にすると、目をキラキラ輝かせて催促してきます。

その様子がかわいくて、たくさん与えたくなってしまいますが、ガマンガマン。
エースは体重が増えすぎると前足に負担がかかりすぎてしまうので、特に体型管理に気をつけているのでした。

ごはんの準備をする
むすママを催促

野良猫さんや保護活動をされている方への想い

寒い日に布団の上で丸くなるおむすびさんや、ストーブの前でうとうとするエースを見ていると、元々は外にいた子たちがこうして安心して過ごせていることに幸せを感じます。

それと同時に、今、外にいる子たちは、こんな寒い日にどうやって夜を越えているのだろう、寒さをしのげる場所はあるのかなと胸がぎゅっとなります。暑い日や、台風や地震のときなども同様です。猫好きな方はきっと、同じ想いを持たれているのではないでしょうか。

現在の家に引っ越してきて約3年、近所で野良猫を見ることはほとんどありませんでした。
そんなある日、わが家の庭に急に1匹の猫が姿を現したのです。娘が生まれて約4ヶ月、大寒波で珍しく雪が積もった日のことでした。

ことのはじまりは、ある夜むすパパが、「外のゴミ置き場付近で猫を見かけたかも」と言ったこと。スマホで動画を撮ろうとしたらすぐに逃げてしまったそうなのですが、近くに野良猫はいないと思っていたので、どこから来たのだろうと話をしていました。

そして翌日、なんとその猫が、わが家のウッドデッキにいるではありませんか！ 傷んでいるウッドデッキに人工芝を貼ってごまかしていたのですが、その上の、日が当たる隅っこに横たわって暖をとっているようでした。

家族がかわるがわる見に行っても、逃げる様子はありません。むしろこちらの顔を見て、何かを訴えるようにしきりに鳴いています。

見たところ、生後半年～1年ぐらい？ まだ完全な成猫ではなさそうです。
こんなに人に慣れているので、もしかしたら誰かに捨てられたのかもしれないと思いました。とはいえ、なでられるほどではなく、近づきすぎるとさっとウッドデッキの下に隠れてしまいます。

家の前の道路は交通量も多く、車にぶつかってしまったら…と考えると、このまま放っておくことはできません。迷い猫ではないか調べましたが、それ

ウッドデッキに現れた外猫さん。
近づきすぎると逃げてしまう…

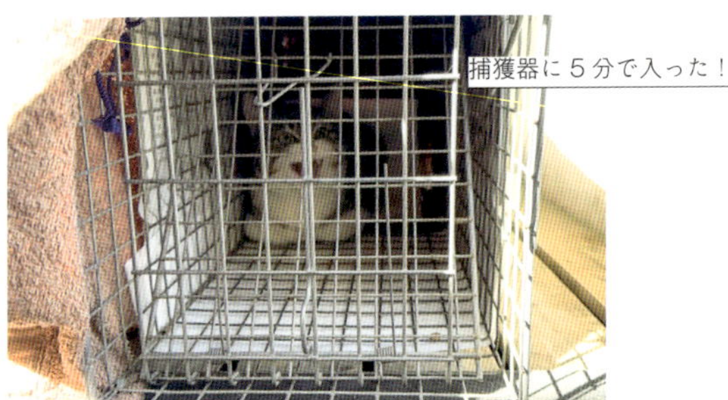
捕獲器に５分で入った！

も違うようです。
とはいえ、生後4ヶ月の娘やエースのお世話、そして高齢のおむすびさんのことを考えると、うちの子にするという決断はすぐにはできませんでした。

でも、季節はまもなく春。猫さんの出産シーズンです。私の勘が言っていました、この子はきっとメスだぞと。
そうなると、もしかしたらウッドデッキの下で出産してしまうかもしれない。

よし、こうなったら、ひとまず不妊去勢手術をして、その後のことはおいおい考えよう！
そう決断し、捕獲器を借りるために地元の保護団体さんを探して連絡を取りました。

Instagramで見つけたその保護団体の代表さんは、快く捕獲器を貸してくださいました。
そして、設置してから返却の話などをしているわずか5分の間に、猫さんは自ら捕獲器に入ってくれたのです。

やはりその子はメスで、その日は一晩うちの中で過ごし、翌日に不妊手術を行いました。
そのまま保護して里親を探すか、地域猫としてリリースして里親を探すか悩んでいたのですが、保護団体の代表さんから「今の時期はまだ子猫が少ないので、里親が見つかりやすいですよ」と言われ、一旦わが家で保護しながら里親さんを探してみることに。

幸い、すぐに知り合いの方がもらってくださって、今はそのおうちで幸せに暮らしています。

この猫さんのおかげで、地元の保護団体の方たちとお知り合いになれました。
「この辺りは野良猫を見かけないですね」と話すと、その代表さんがこれまでになんと2,000頭以上もの野良猫をTNR（P.037参照）したというのです。
昔はこの地域も、猫がそこらじゅうにいたそうなのですが、着実にその数が減ってきていると言います。
長年の地道な活動で、こうして住みやすい地域になっていることをとてもありがたく思います。

エースを保護した沖縄野良猫TNRプロジェクトの小林さん（P.036）もおっしゃっていましたが、外にいる猫の生活はとても過酷です。交通事故に遭うかもしれないし、食べるものや飲み水にさえも苦労しているかもしれません。

自分にできることはちっぽけなことかもしれませんが、もし今回、何もしなかったら、地道に活動してきた方の道のりをあと戻りさせることになったのかもしれないと思った出来事でした。

里親さんのおうちにて。
地域猫にするか悩んでいたので、
不妊手術の際にさくら耳にしてもらいました

猫さんは寒がり。
ヒーターの前はエースの特等席

HAPPY DAYS WITH CATS

猫と私たちの3度の引っ越し

猫と暮らし始めて約10年。その間に私たちはじつに3回もの引っ越しをしています。

初代猫・ムスビをお迎えしたときの家は、一軒家の賃貸物件でした。
むすパパの転職で急遽、東京から茨城に引っ越すことになり、現地に行く時間もなくネットの情報だけで決めた家でした。築35年の木造4K平屋建て。海にほど近い場所にあり、車2台を停められる砂利の駐車場つき。

じつはその引っ越しの前に、すでにムスビさんと譲渡会で面会して、お迎えを決めていた私たち。当然、ペット可物件を探すのですが、本当に少なくて驚きました。たいていは二人暮らしには狭すぎたり、場所が悪かったり、見るからに古い物件だったり。犬はOKでも猫はNGというところもありました。

その築35年の物件もペット可ではありませんでしたが、なんだか惹かれるものがあり不動産屋さんに問い合わせたところ、「なかなか入居者がいないので、交渉したらOKになるかも」とのこと。交渉の結果、ペットは猫1匹ならOK、しかも和室1部屋をフローリングにリフォームしてくれることに！　時間もなかったため即決したのでした。

昔の平屋なので、和室の続き二間があったり、長い廊下や縁側があったりしました。うしろ足が悪くあまり上下運動をしないムスビさんも、広々と家じゅうを走り回って満足そう。駐車場に面した窓辺では、いつも外をながめながらくつろいでいました。
お隣には当時96歳のおばあちゃんが一人暮らしをされていて、仲よくなって一緒にお茶をしたり、草むしりをしたり。いいところだな〜と田舎暮らしを満喫していたのですが、その家で初めて夏を迎えたとき、身の毛もよだつ出来事が…。

暑くなって湿度が上がってきた頃。
夜になると畳の上を、「サーーーッ」とものすごく速い銀色の何かが駆け抜けるようになったのです。
ムスビさんは、その何かを捕まえようと大興奮！
調べてみると、シミ（紙魚）という虫のようでした。そしてシミが出始めてから、連鎖するようにさまざまな虫が家のな

3回目の引っ越し当日、
何もなくなった
マンションを散策する
エースとおむすびさん

かに現れるようになったのです。

不動産屋さんに相談して床下を見てもらったところ、なんと、畳の下の板を外したらすぐ土！　地面でした。
湿気もひどく、床下を湿度計で計ると湿度90％以上。押し入れの中のものはほとんどカビが生えてしまいました。

なんとかひと夏は乗り越えたものの、夫婦ともに虫が大の苦手なこともあり、その家は10ヶ月ほどで引っ越しをすることにしたのでした。

夫の実家に引っ越してきた日。
部屋をチェックするおむすびさん

次に住んだのは、ペット可の賃貸アパートの2階の部屋でした。古くて2DKと狭めですが、むすパパの会社に近くなり、ほとんどの世帯が犬か猫と暮らしているようです。
ただ、狭いことで暮らしにくかったり、ムスビさんが前ほど走り回れなくなったことが気掛かりでした。
2階なのでベランダには柵があり、足が悪いムスビさんは高いところに登れないので、外を眺めることもできません。
そのため、どこかいいところがあればまた引っ越したいと常に思っていました。

そんなとき、新築マンションでとてもよい物件と出会います。1階ですが芝生の庭があり、長い廊下もある4LDKの間取りでした。ペットは2匹までOK！
これも何かの縁とその物件を購入し、ムスビさんにとっては2度目の引っ越しをおこないました。ムスビさんは元々、トライアル初日から一緒の布団で寝るほど新しい環境にもなじみやすい子だったので、引っ越しで体調をくずすこともなく助かりました。

その家で暮らしている間にムスビさんが腎不全で亡くなって、おむすびさんがやってきて、そしてエースも家族の一員になりました。4年半ほど暮らしたあとにむすパパの実家に引っ越すことになり、その物件は手放したのですが、楽しい思い出とともにインテリアの細部まで思い出される、今でも大好きなおうちです。

そして現在の家は、埼玉県にあるむすパパの実家です。
茨城のマンションから2時間半、車におむすびさんとエースを乗せて、一緒に引っ越しをしました。引っ越し業者

以前のマンションにて。
エースも使える
キャットタワー
「猫壁（にゃんぺき）」は、
磁石で好きなところに
ステップをつけられる

さんに荷物を運び出してもらう間、ふたりをそれぞれ別のケージに入れて、布をかぶせて部屋の隅で待機してもらいました。最後に、何もない部屋をふたりにもチェックしてもらったところ、がらんとした空間を不思議そうに探索していました。

引っ越し後は環境の変化によるストレスが心配でしたが、ふたりとも思いのほか早く、新居に慣れたようです。猫たちが使うトイレや爪研ぎなどは車で一緒に運び、初日から使えるようにしておきました。

「猫は家につく」と言いますが、「人につく」割合も大きいのではないかと思います。引っ越し後はできるだけ一緒に過ごすようにしていたことで、早く新居に慣れてくれたのかなと感じています。

今ではそれぞれお気に入りの場所もできて、すっかり自分の家と認識してくれています。
きっともう猫たちが引っ越すことはないので、このままゆったりと過ごしてほしいものです。

夫の実家に引っ越してきた日。
いざ着地！のエース

HAPPY DAYS WITH CATS

猫たちの病院事情

猫は体調不良を隠す、と言われます。初代猫・ムスビが、腎不全の新薬が合わず体調が悪くなったとき、いつもは入らない冷たい靴箱の中でじっとうずくまっていたことがありました。その姿が今でも忘れられません。
ですので、なるべく不調を見逃さないよう、猫たちを定期的に病院で診てもらうようにしています。

おむすびさんは猫エイズキャリアなので、半年に一度のペースで健康診断をしてきました。
最近は高齢なことも相まって免疫力が低下しているようです。目や耳などいろいろと不調が出てきて、病院にいく頻度も高くなっています。また、腎臓の数値も悪いので、点滴も定期的におこなうようになりました。
最初は苦戦しましたが、今では目薬や錠剤の投薬もおとなしくさせてくれるように。でも爪切り（特にうしろ足）はさせてくれないので、これも病院で定期的に切ってもらっています。

エースは足がないこと以外は、本当に健康で元気いっぱい！　不調で病院のお世話になることは今のところ少ないのですが、年に数回、むすママが実家に帰省する時などに動物病院のホテルに預かってもらっています。その際に、ワクチンや健康診断をしてもらいます。

最近は、動物病院にホテルを併設するところが増えてきました。これは猫と暮らす者として、とってもありがたいこと。健康な猫さんなら、シッターさんに家にきてもらったり、ごはんやトイレを工夫したりすれば1～2日は家でお留守番ができると言われますが、エースの場合は圧迫排尿が必須なのでそれができません。また、家猫の寿命が伸びて高齢化してきている今、家でのお留守番が難しい子も増えてくるでしょう。
お世話する人間に何かあったときに頼れる場所があるのは、とても心強いです。

これまで引っ越しが多かったこともあり、10件近くの動物病院にお世話になってきました。
最近はGoogle Mapの口コミも増えて、病院が選びやすくなったと感じます。

初代猫・ムスビが病気になったとき、

おうちが
いちばんだじょ

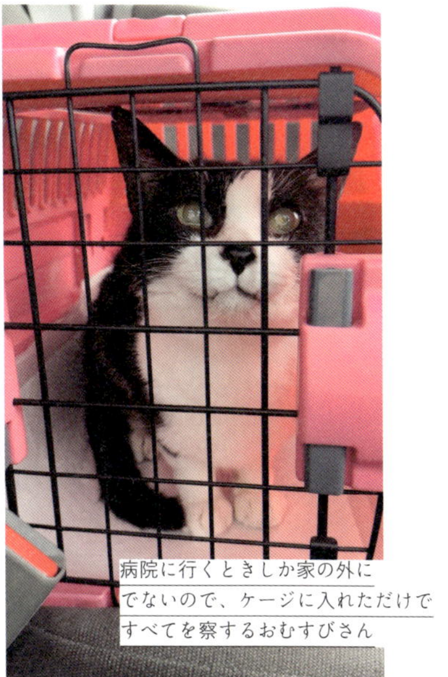

病院に行くときしか家の外にでないので、ケージに入れただけですべてを察するおむすびさん

ムスビさん、特に体調が悪い時は靴箱に隠れていました

一日でも長く生きて欲しいと、あらゆる治療をおこないました。腎臓病が悪化してからの数ヶ月は、片道1時間かかる病院にほぼ毎日通って、6時間預けて点滴をしてもらう日々。ごはんを食べなくなってからは、朝晩はシリンジで強制給餌をしていました。そして最後は病院に向かう車の中で旅立っていきました。

亡くなったあとに冷静になって考えると、もう少しムスビの日々の生活に目を向ければよかったです。生活の質や人生の質を意味するQOL(クオリティ・オブ・ライフ)、これは猫にとっても重要だと気づきました。
病院にいることは非日常なのに、それが日常になってしまった彼女の最後に少し後悔しています。
膝の上が大好きだったムスビさん。彼女にとっては、日中を病院でほぼひとりで過ごすより、少しでも長くお膝にいるほうが幸せだったのかもしれません。

猫たちは“今を生きる”ことしか考えていなくて、人間のように“死ぬ怖さ”を感じていないのではないでしょうか。
「1年後も健康で生きているために!」という考えも大事だけれど、そこに囚われてはいけないとも感じます。

おむすびさんやエースにとっての不調を取り除く方法は、無理のないように選択していきたいと思っています。

HAPPY DAYS WITH CATS

むすママは猫アレルギー

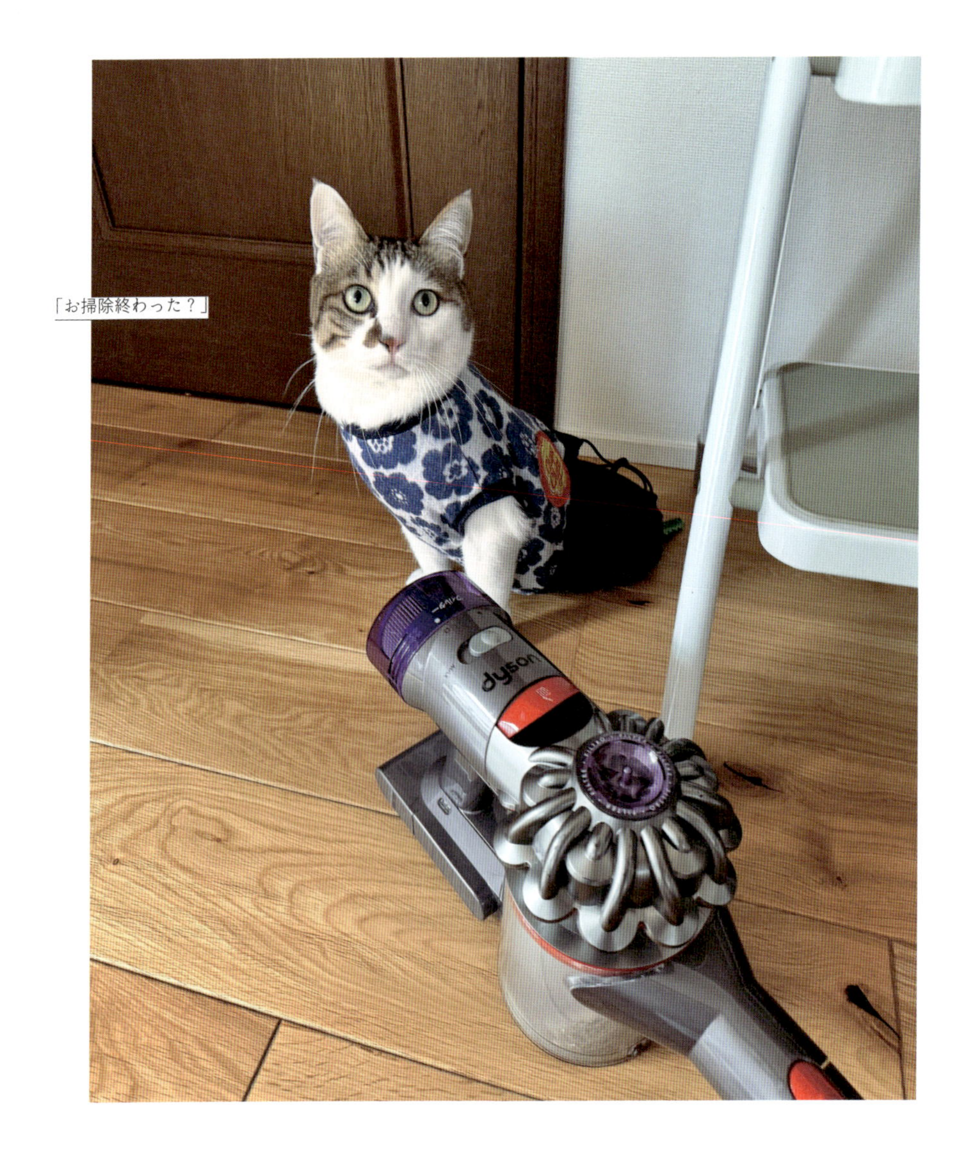

「お掃除終わった？」

じゅうたんも念入りに

動画を見てくださった方から「むすママさん、鼻声だけど風邪ですか？」とご心配をいただくことがよくあります。

声が低く、子どもの頃はコンプレックスを感じていました。それが動画配信を始めてからありがたいことに「声が好き」と言っていただくことが増えて、今では個性のひとつとして自分の好きなところになりました。

でも確かに、私の声は低いだけではなく、常に鼻声でもあります。
なぜかというと、おそらくは猫アレルギーなのです。

もともとアレルギー体質で、幼少期に検査をしたところ、スギとヒノキの花粉症でした。小学生の頃から常に鼻水が止まらず、注射でアレルギー免疫療法を行っていたことも。

それが上京して一人暮らしを始めたら、急に症状が軽くなったのです。
「都会は緑が少ないから、花粉も少ないんだな」と思っていたのですが、違いました。
実家に帰省すると、花粉の季節でもないのに急にアレルギー症状がひどくなるのです。どうやら実家で暮らす犬に、私の身体が反応しているようでした。

猫と暮らし始めてから、実家にいた頃と同じような症状が現れました。
鼻水は年じゅう出ていて、鼻も詰まっています。
猫に爪を立てられると蚊に刺されたようにふくれてかゆくなり、猫たちをなでた手でうっかり目をこすると、猛烈なかゆみで白目のところがぶよぶよになってしまいます。

でも、猫たちと暮らさない人生なんて無理!! だから、対策として掃除をこまめにおこなうようになりました。掃除が行き届いていると、症状が軽くなるのを実感します。今のところ、アレルギーの薬を飲まなくても日常生活に支障はなくなりました。アレルギーがあっても工夫次第で猫と一緒に暮らすことができていますので、ここでその工夫をご紹介します。

まずはわが家の毎日のお掃除についてです。
朝は、起きたらなるべく早く、掃除機で床を掃除します。寝ている間に床にほこりが溜まるので、掃除はなるべく朝一番がよいと聞き、エースが起きて動き回る前に掃除機をかけるようになりました。

ダイソンのコードレス掃除機を長年愛用していて、付属のフラフィヘッドでフローリングを掃除すると、ほこりもきれいに吸い取れます。まわし者ではありませんが、使い勝手や耐久性が気に入って、今は3台持っています。

じゅうたんや布の上は、ダイソンのハンディタイプクリーナーで掃除します。回転するブラシがヘッドについていて、布にはりついた猫の毛もすっきり。
わが家は人間のベッドで猫たちがくつろいだり、一緒に寝たりするので、朝晩の一日2回は必ず、ベッドの毛をこのクリーナーで掃除しています。

床や机の上などは拭き掃除をします。
これは気になったときにすぐやるのがマイルールで、一日5回ぐらいはおこないます。
着古した服やタオルを小さく切ってウエスとしてストックしておいて、一度掃除に使ったら捨ててしまいます。その1枚が汚れるまでが1回の掃除範囲です。

最後にキャットタワーやベッドの細かい毛をコロコロ(粘着クリーナー)で取ります。コロコロは猫と暮らすなら必須のアイテムではないでしょうか。
娘が生まれてからは、服もこまめにコロコロして、抱っこしたときに毛がつかないようにしています。床や机の上など、拭くほどではないけどちょっと毛が目についたときも、コロコロでさっときれいにします。

エースも床掃除してる？

ふたりの共通の敵・ダイソン

掃除は一日サボるととたんに面倒になるので、毎日やると決めています。
身体全体を動かすので、「運動」と考えると重い腰が上がります。部屋もきれいになって、やせるなんて一石二鳥！（しかしなかなかやせません、なんでだろう～）

きれい好きな猫たちのために、と思えるのも継続できる理由になっています。

また、猫アレルギー対策として、猫たちが過ごす部屋は24時間、空気清浄機をつけています。さらにむすママ自身がこまめに手洗い、うがいをすること。

そして一緒に寝るときはマスクをして寝るようにしています。
エースは一緒に寝ていると顔をなめようとしてくるので、図らずもマスクがよいガードになっているのでした。

HAPPY DAYS WITH CATS

幸せを感じるとき

猫と暮らすと幸福度が高まる、という調査結果があるそうです。

私が特に幸せを感じるのが、一緒に寝てくれるときです。エースとはいつも同じベッドで寝るのですが、冬になると、私の胸元にぴたっと背中をつけて添い寝をしてくれます。そのまま、前足をぐーっとのばしてあごをフミフミしたり、顔や手を一生懸命なめてくれたり。寝ているときは一番無防備になるので、すっかり気を許してくれているんだなぁとうれしくなります。

おむすびさんはビビりな性格。そんな彼女が遠慮がちにベッドの足元で寝てくれると、これまた幸せな気持ちになります。足元におむすびさん、胸元にはエース。寝返りも打てませんが、そんなことはまったく気になりません。すっかり姿勢を固定したまま寝る術を身につけました。

目が覚めて一番に目に入るのが、エースの後頭部です。まるで人間のように枕を使って寝ているのでなんだかおかしくて、かわいくて、しばらく眺めてから起きるのでした。

猫たちに触れているときもとても幸せだなと感じます。レオナルド・ダ・ヴィンチは「猫科の一番小さな動物、つまり猫は、最高傑作である」と言ったそうですが、ふわふわ、もちもちの毛並みや美しいシルエットはまさに神の最高傑作。そんな存在と一緒に暮らせるなんて幸せだなぁと心から思っています。

HAPPY DAYS WITH CATS

保護猫活動を応援しています

保護猫活動と聞くと、素晴らしいことだけれどなんだかハードルが高いように感じます。
「保護猫のことを知って何かしたいけど、自分は何もできない」と感じている方もいらっしゃるかもしれません。

私も保護猫の里親になりながらも、そう感じていた一人でした。
「自分で野良猫を保護したり、ボランティアに参加したりすること」を保護活動と思っていたためです。

でも、保護猫について知人に話したり、発信したり、発信する人を応援することも、活動のひとつになるのではないでしょうか？　かつて私の先輩が、保護犬の存在を話してくれたように。ひとつひとつは小さな行動かもしれませんが、その数が集まれば、すごい力になるのではないでしょうか。

実際にYouTubeで発信を始めてから、「『musubiyori』をきっかけに保護猫を家族に迎えました」という報告をいただいたり、保護猫カフェに行ったり、保護団体への支援やボランティアをしてくださる方も現れてきて、情報を伝えることの大切さを実感しています。

また発信をするなかで、「猫の社会問題は辛いけど、命の期限ツイートや、残酷なニュースは耐えられないから、なるべく見ないようにしている」という方も多いことを知りました。

みなさん、思い悩むほどに、猫が好きな気持ちは大きいのです。そんな方たちの行き場のないパワーを、プラスに生かせる何かがあれば…。

そこで考えたのが、「猫の楽しい発信を通して、猫も人も平和で幸せな社会を実現する」というコンセプトでした。
そのコンセプトをもとにクラウドファンディングでプロジェクトを立ち上げて資金を募り、2019年2月22日に『一般社団法人 日本猫ねこ協会』を設立しました。

まず、猫が好きでなければその先の「猫の社会問題」へ関心が沸かないので、猫好き（それも重度の猫好き、猫のしもべ）を増やすのです。そして、猫社会のために何かしたい方が、楽しくハッピーに参加できる仕組みを作る

のです。

こうして生まれたのが、「猫しもべ検定」です。

【猫しもべ検定】とは…
あなたの猫好き度が測れる、無料のウェブ検定です。保護猫について知るきっかけになる問題がこっそり入っており、知り合いにすすめたり、SNSなどでシェアしたりすることで気軽に発信する側になれて、保護猫認知に一役買える仕組みになっています。

そして、世の中をもっともっと「猫についての楽しい発信」であふれさせたい。そのためには、自らおこなうことも大切ですが、発信する方を増やしたり、応援したりすることが近道だと考えました。

そのために企画したのが「＃推し猫グランプリ」です。

【＃推し猫グランプリ】とは…
日本猫ねこ協会が年に一度開催する、猫好きの方たちから応援される「猫発信者」を讃えるグランプリです。広く推薦を募り、ノミネートする猫発信者を決定。その後、本投票を経てグランプリを決定します。

＃推し猫グランプリは次のページで紹介する、2部門で開催しています。

部門1＜猫総合部門＞

猫について楽しい発信をされているSNSアカウントを運営されている方がノミネート対象です。保護猫など種別は限らず、楽しい猫の発信をされている方を広く応援します。

なお、猫はすべてかわいく素晴らしい存在であることは大前提ですから、猫の優劣で順位を決めるグランプリではありません。あくまで目的は、「猫について楽しい発信をされている運営者さま、および登場する猫さま」を称え、応援の声を届けること。グランプリとしたのは、その方がニュース性が高まるので、便宜上そうしています。

私自身、YouTubeなどで猫の発信を続ける中で、辞めたいと思うことや続ける意欲を失うことは何度もありました。でも、そんなときに応援してくださる方からのあたたかいコメントやメッセージがあったからこそ、今も発信を続けることができています。このグランプリを通じて、猫について楽しい発信をされている方へ、一緒にエールを

送りませんか？という想いも込めています。

そして猫発信者さまがグランプリにご参加いただき、一緒に楽しんでいただくことで、この後の「猫カフェ部門」の盛り上がりにも繋がり、保護猫カフェを知っていただくきっかけになると考えています。

※なお、私が運営するSNS『musubiyori（エース、おむすび）』は、主催者のためグランプリには参加していません。

部門２＜猫カフェ部門＞

こちらは猫カフェの中でも「保護猫を譲渡している、または猫スタッフとして保護猫を採用している」団体さま限定としています。

「＃推し猫グランプリ」には賞金が設定されていますが、＜猫カフェ部門＞への比率を高くすることで、保護猫活動をされている猫カフェへ寄付をするという側面があります。寄付先を独断で決めるのではなく、皆さまからの応援投票数をもとに決めることで、公平性を保つ目的もあります。

保護猫カフェを支援する理由は、保護猫カフェという業態に、猫を飼う入り口としての大きな可能性を感じているためです。

猫の保護活動を続けている方ほど、「蛇口を締めなければ根本的な問題は解決しない」と訴えています。蛇口を締めるとは、飼い主からの飼育放棄、野外で繁殖する犬猫、そして、ペッ

ト産業からあふれ出る犬猫を減らすことと言われています。

私たちにすぐ蛇口を閉める力はないかもしれませんが、ひとりひとりの認識を変えていけたら、「猫を飼うなら保護猫を」が当たり前になる未来を想像できます。そうしたときに、ペットショップと同じくらい気軽に見に行ける場所が必要だと思うのです。その役割を担ってくださる保護猫カフェは非常に大切な存在だと思います。

例えばエースのお里「保護猫カフェねこかつ」さんは、2店舗の保護猫カフェ運営のほか、土日などにホームセンターなどで譲渡会も開催しています。これは非常に画期的で、ホームセンターといえば、休日に「かわいい犬猫が見たい」とみんなが動物を見にいくような場所。この展示ブースに、保護猫たちが並ぶのです。

「猫を飼いたい方」が気軽に保護猫と接触できる場所を応援できればと、保護猫カフェ部門を設けています。

保護猫が当たり前になれば、「保護猫活動」という言葉自体がなくなるかもしれません。保護猫カフェを運営している方の中には、「保護猫ゼロで休業中の保護猫カフェ」を目指しているお店もあります。

いつかそんな日が来るように、私でもできる保護猫活動を続けていきたいと思っています。
ちなみに、日本猫ねこ協会の理事報酬は0円です。「＃推し猫グランプリ」の趣旨や協会の理念に賛同いただき、イベントにご参加いただいている皆さまに厚く御礼申し上げます。

日本猫ねこ協会

猫のために何かしたいけど何ができる？ そんな溢れる、でも行き場のない猫愛を、気軽に形する仕組みを作りました。発信する人が増えれば世界はもっと平和になる！ 楽しい、面白そう！を軸に、猫社会の向上を目指します。

nekoneko-kyokai.jp

#推し猫グランプリ

猫について楽しい発信をされている方々を応援する#推し猫グランプリ。2024年に5回目が開催されました。「猫についての楽しい発信」が社会をよくするという考えのもと、今年も楽しい発信や保護猫とのふれあいの場を提供されている方々を応援します。

猫しもべ検定

あなたの猫への下僕度が測れる、ウェブ上の検定(テスト)です。問題に回答していくと、正解率に応じてあなたの“猫しもべ度”がわかり、協会の定める点数を超えた合格者には「NNN人」※という称号が与えられます。合格者にはデジタル会員証が贈られ、猫ねこ協会の会員として活動いただけます。猫を飼っていない“エアしもべ”の方も、もちろん参加可能です。

※猫と暮らすよりよい社会のために暗躍する人のこと。

HAPPY DAYS WITH CATS

ハンディキャップのある子を迎える覚悟

これまで一緒に暮らしてきた3匹の猫たちは、振り返ればみんな何かしら障害や疾患を抱えている子たちばかりです。「ハンディキャップがある子たちを積極的に選んでいるんですか？」と質問されたことがあるのですが、別にそういうわけではありません。最初はみんな「この子すごくかわいいな」と思ったという、いわば普通の出会いから始まっています。

強いていえば、私はもともと個性的な人やものが大好きなので、そういった子たちにオンリーワンな魅力を感じて目を奪われてしまうのかもしれません。里親募集されている子にハンデがあっても、かわいそうだと思ったり、同情したりすることもあまりないのです。なぜかというと、自然界では生きていけない状態のなか、保護されただけでかなりの強運の持ち主ですし、猫さん自身も自分の状況に悲観的になっていないと感じるからです。

逆に、かわいそうという気持ちや同情心でそういった子の里親になったとしたら、長い年月をともに暮らすなかで、里親にならなければよかったと思うことがあるかもしれません。だから、もしハンディキャップのある猫さんをお迎えしたいと考えているなら、純粋にその子が好きだからなのか、かわいいから一緒に暮らしたいのかを事前に自問した方がいいと思っています。

これは、ハンデがない子の場合でも同

耳が聴こえなかったムスビ

おむすびさんは
猫エイズキャリア

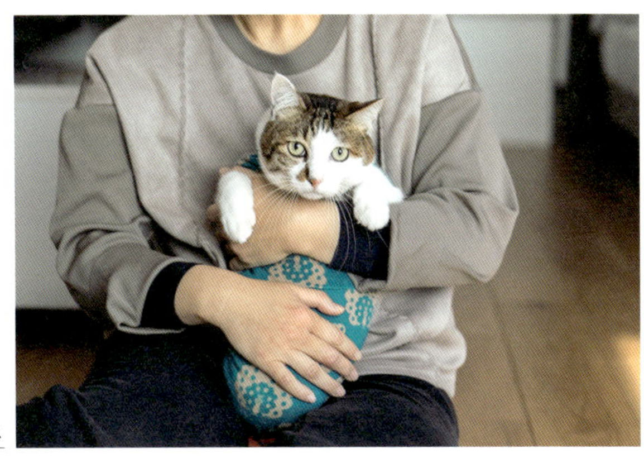
うしろ足のないエース

じですよね。今は子猫だとしても、元気な子だとしても、いずれは年をとるし、病気になってお金と時間をたくさん使うことになるかもしれません。でも、家族になったら途中で投げ出すことはできないのです。
ハンデがあってもなくても、動物たちと暮らすなら、その子の一生に最後まで責任を持つ覚悟は必要だと思います。

ハンデがある子と暮らして感じるのは、猫自身も人の手助けが必要なことをわかっていて、身を委ねてくれるということです。そのため、コミュニケーションがじょうずな子、感情表現の豊かな子が多いかもしれません。大変なこともありますが、それ以上に幸せや充実感を得られることは間違いありません。

ただ、ハンデがある子を迎える場合なら、少し特別な準備は必要になると思います。
特にエースのように日常的なケアが必要な場合、一番大切なのは「自分に何かあったときに、代わりにケアできる体制を作っておくこと」ではないでしょうか。

エースの場合は排尿を自力でできないので、たった数日ケアが止まっただけで命の危険があります。そのため、わが家の場合は夫も圧迫排尿ができるようになっていますし、動物病院のホテルに数日間なら預けられるようにしています。

もし目の前に下半身不随の野良猫が現れたとしたら、覚悟や準備なんていってる時間はありませんよね。里親募集されている子たちからお迎えできるのは、心や準備の時間があるということ。とてもありがたいことだと思います。そんな状況を作ってくださっている保護活動家さんや保護団体さんに感謝するばかりです。

HAPPY DAYS WITH CATS

わが家の猫グッズコレクション

猫と暮らし始めてから、やたらと猫グッズに目がいくようになりました。世の中にはこんなに猫モチーフがあふれていたのか！と驚くばかりです。特に、うちの子と同じ柄の猫グッズをつい集めてしまうのは、猫好きさんならではのあるあるではないでしょうか。
私もムスビ、おむすびと暮らしてからは、黒白ハチワレ猫のグッズを見つけるとつい買ってしまうようになり、どんどん家に猫グッズが増えていきました。しばらく夫から、猫グッズ購入禁止令が出ていたことも…。

人魚の王になっちゃったエース 。栗田准さんの作品

ルネッサンスの巨匠・ラファエロの作品をオマージュしていただいた、天使のムスビさん＆おむすびさん

左はおむすびさん、
右はムスビさん。こちらも栗田さん作

そして猫グッズではありませんが、大切にしているものがあります。うちの子たちの似顔絵イラストです。
私のYouTubeのアイコンは、ムスビのイラストです。茨城に住んでいた頃にお知り合いになった作家の栗田准さんに描いていただきました。

ムスビ以外におむすびさん、エースのイラストまで！
しかもエースはなんと「海の王」に！
ムスビさんとおむすびさんがあの有名な天使の絵画になった作品も作ってくださいました。手描きならではの温かみのある、世界にひとつだけの絵は私の宝物です。

猫の瞳

猫を飼い始めてから驚いたことがあります。人間には「奥目、出目」という眼球の位置による印象の違いを指す言葉がありますが、猫にもあるということ。ここで、わが家の猫たちの瞳をお見せいたします。

おむすびさんは奥ゆかしい目なのよ

エースの瞳は、横から見るとまるでガラス玉のよう。まんまるで、透明な部分がキラキラと輝いていてとてもきれいです。

初代猫・ムスビもエースと同じような目をしていました。初めて間近で見たときは「こんなに顔から盛り上がっていて、大丈夫なのかしら」と心配になったものです。ふたりとも目力が強く、感情を目で訴えてくるタイプです。

いっぽう、おむすびさんの目は、横から見てもそんなに盛り上がっているように見えません。少し奥まっている目が、エキゾチックな雰囲気を醸し出しています。

そもそも一緒に暮らすまでは、猫って柄や毛の長さが違うだけで、顔はみんなほぼ同じでしょ?と思っていました(なんてこった)。今ではみんな全然違う顔に見えるのだから面白いものです。

猫さんは目が大きいので、光の具合で瞳孔の大きさが変わるのがよくわかります。朝と夜に撮影すると、顔の印象ががらっと変わって見えるほどです。

明るい時間に撮影した顔は瞳孔が細く、キリッとした印象に。日が沈んでから電気をつけて撮影すると、瞳が大きくなってきゅるんとかわいい印象になります。

動画配信者のなかには、あえて夜に撮影するようにしている方もいるそうですよ。

そんなきれいな瞳でどんな世界を見ているのか気になりますが、猫の視力は人間の約10分の1で、0.1~0.2程度なのだそう。その分、動体視力や暗闇でものを見る能力は優れているのだとか。

今日もエースやおむすびさんのそのきれいな瞳に写る世界がよいものであるように、私たち人間は努めたいと思うのでした。

ガラス玉のような
エースの瞳

special column:

はだかのエース

多くの猫さんは裸で過ごすものですが、エースは一日の大半を
洋服を着て過ごすので、なんだか裸でいると特別な感じがします。
そんな裸のエースをご紹介します！

首は服でこすれて
毛が一部なくなっている
うさぎのような短いしっぽ
後頭部は坊ちゃんカット
背中からおしりにかけて
キジ色（しましま）の毛並み

CONCLUSION

おわりに

　いつもスマホを手元に置いておき、エースやおむすびさんをできるだけ自然に撮影しようと心がけています。自分が見ている景色を撮影しているはずなのに、実際に動画に撮れる映像はまったく違う印象で、以前はそれにがっかりしていました。カメラの性能が悪いのかも？　画角が悪い？　いろいろと試行錯誤したものの、なかなか納得できる動画は撮れません。

　最新技術で自分の目がカメラになったらいいのに、とずっと思っていたけれど、きっとそれでもダメで、心のフィルターを通している映像は機械には映せないのだと気づきました。だから動画を作るときは、私の目を通した彼らの姿を伝えられるような編集を心がけています。

　猫は人間の言葉を喋らない、と批判のコメントをいただくこともあるけれど、私のフィルターを通した彼らは確かにしゃべっているのです。

　それが間違っているのか、合っているのかなんてわからない。でも、人と人のコミュニケーションもそうではないでしょうか？　相手の考えていることをすべて知ることはできないし、自分自身のことですらすべて知ることは難しい。

　だから私たちは想像するし、慮ることができる。そしてそれが善意と愛に基づくものであるなら、その世界は平和なものだと思うのです。

　私が猫たちとの暮らしで一番学んだことは、今を生きているだけで素晴らしい、ということです。猫はいつもその一瞬を生きている。過去の辛さや未来への不安を考えず、今の欲望に忠実です。

ともに暮らしてきてそんな彼らを当たり前に感じたとき、自分自身も今この瞬間を生きていることがなにより大切なんだと実感しました。そんなことまで教えてくれるなんて、猫って本当にすごい生き物です。

今を心地よくできれば、一生は幸せ。そして今をちょっと心地よくすることは意外とすぐにできたりします。おいしいコーヒーを飲む、好きな音楽をかける、ストレッチして日向ぼっこする、とかでいいんですよね。

気づけばブログから始まった『musubiyori』も2025年で10年目を迎えました。自分が将来、体が思うように動かなくなったときに、ベッドで寝転びながら観られたらいいなと動画を作り続けています。これまでの集大成のようなこの本を、応援してくださる皆さまのおかげで出せることになり、本当にうれしいです。

関わってくださるすべての皆さまと、みにゃさま、心からありがとうございます。

自分にできる猫活動のひとつとしてマイペースに動画を投稿していきたいと思っていますので、これからもどうぞよろしくお願いします。

PROFILE

新井かおり（むすびより）

ブログ、YouTube、Instagram、Xで『musubiyori』アカウントで保護猫との暮らしを発信。黒白猫ムスビ&おむすびさん&二本足の猫エースの日常が話題となる。2019年、保護猫や保護猫活動家の応援を目的とした「日本猫ねこ協会」を立ち上げる。本書が初の著書。

公式HP
musubiyori.com

Instagram
@musubiyori

YouTube
@musubiyori

日本猫ねこ協会
nekoneko-kyokai.jp

二本足の猫・エースのごきげん日和

2025年5月7日　第1刷発行
2025年6月9日　第2刷発行

デザイン　高梨仁史
撮影　安彦幸枝、新井かおり（むすびより）
DTP制作　浅水 愛
編集　池田裕美

著者　新井かおり（むすびより）
発行人　泉 勝彦
発行所　株式会社オレンジページ
〒108-8357　東京都港区三田1-4-28
三田国際ビル
電話03-3456-6672（ご意見ダイヤル）
048-812-8755（書店専用ダイヤル）

印刷所　株式会社美松堂

Printed in Japan

ISBN　978-4-86593-728-2